51单片机与
FPGA课程设计教程

牟海维　韩　建　赵丽华　编　著
李贤丽　主　审

U0260262

哈爾濱工程大學出版社

内 容 简 介

本书是在电子信息工程专业多年课程设计实践训练的基础上,根据电子信息类电子技术课程设计实践课程需求而编写的。全书内容包括课程设计要求、单片机 C 语言编程基础、单片机课程设计实例、EDA 设计基础、EDA 典型电路设计、EDA 设计实例训练项目,共 6 章。主要面向电子信息类专业电子技术课程设计和实践训练。

图书在版编目(CIP)数据

51 单片机与 FPGA 课程设计教程/牟海维,韩建,赵丽华编著.
—哈尔滨:哈尔滨工程大学出版社,2016.7
ISBN 978 - 7 - 5661 - 1309 -2

Ⅰ.①5…　Ⅱ.①牟…②韩…③赵…　Ⅲ.①单片微型计算机 – 教材 ②可编程序逻辑器件 – 教材　Ⅳ.①TP368.1
②TP332.1

中国版本图书馆 CIP 数据核字(2016)第 162437 号

选题策划:张晓彤
责任编辑:张志雯
封面设计:博鑫设计

出版发行　哈尔滨工程大学出版社
社　　址　哈尔滨市南岗区东大直街 124 号
邮政编码　150001
发行电话　0451 – 82519328
传　　真　0451 – 82519699
经　　销　新华书店
印　　刷　哈尔滨工业大学印刷厂
开　　本　787 mm×1 092 mm　1/16
印　　张　17.5
字　　数　480 千字
版　　次　2016 年 7 月第 1 版
印　　次　2016 年 7 月第 1 次印刷
定　　价　39.80 元
http://www.hrbeupress.com
E-mail:heupress@ hrbeu.edu.cn

前　言

本书是在电子信息工程专业多年课程设计实践训练的基础上,根据电子信息类电子技术课程设计实践课程需求而编写的。书内容包括课程设计概述、单片机 C 语言基础、单片机课程设计实例、EDA 设计基础、EDA 典型电路设计、EDA 设计实例训练项目。全书共 6 章,主要面向电子信息类专业电子技术课程设计和实践训练。

FPGA 是一种可编程逻辑器件,对 FPGA 芯片进行电路设计时需采用 EDA 技术,即利用 EDA 技术在 FPGA 芯片上构造出自己所需的硬件电路。EDA 技术主要包括 Verilog HDL 语言或 VHDL 语言的硬件电路设计、仿真、综合以及下载。在本书中我们把 FPGA 电路设计统称为 EDA 技术。

本书力求做到具备基础性、综合性、实用性和针对性,便于教师因材施教,便于学生学习参考。本书注重内容的实用性,通俗易读,有助于学生掌握电路制作和编程方法。主要体现实践训练环节,既有硬件电路分析,同时又对电路进行编程。力争满足普通工科院校电子信息类专业对课程设计的需要。

本书由牟海维、韩建、赵丽华主编,并由牟海维负责全书的统稿和整理。第 1 章和第 4 章由牟海维老师编写;第 2 章由邢志方老师编写;第 3 章由刘强老师编写;第 5 章由韩建老师编写;第 6 章由赵丽华老师编写。全书图片由韩建老师和赵丽华老师整理。本书在编写过程中得到了东北石油大学电子科学学院领导及电子信息工程专业师生的大力支持,特别是在读硕士研究生黄颖、王晓东、李南样、刘鹤等在辅助绘制电路图和进行程序编写验证工作方面给予了帮助,编者表示衷心的感谢。

由于编者水平有限,书中错误和不当之处在所难免,恳请读者批评指正。

编　者
2016 年 4 月

目　　录

第 1 章

课程设计概述

1.1 课程设计目的

单片机技术是电子信息专业的学生必须掌握的基本技术。在重视实践环节、强调培养学生创新能力的今天,设计出一个好的单片机课程设计题目,可培养应用型人才,培养学生发现、分析和解决问题的能力,树立实践观念,提高学生综合分析和创新能力,在教学改革中具有重要意义。单片机已经由 8 位技术提升到 32 位技术,乃至 64 位技术,生产单片机的厂家也由当年 Inter 一家独大,到现在的百家争鸣。现在主要的单片机生产厂家有 AVR,ST,Freescale,Microchip 等,它们生产多应用领域的单片机,更有 ARM 内核的单片机,它与 51 内核的 8 位单片机比较,具有运算速度快、功能强大的优点。同时,时代变迁,各个领域都可以用到单片机,如何选择贴近生活而又全面反映单片机的功能应用,是我们设计单片机课程设计题目时所要思考的。传统单片机课程设计,要求学生在实验室依据老师给的资料,完成部分设计,主要是在几个较大程序的基础上,改变几个参数,观察现象,学生无法了解程序如何书写,更少有掌握原理独自写出程序的学生,这导致学生不知道单片机在实践中是如何设计、如何编写程序的。为此,从选题、设计软件和硬件到调试出正确结果,设计一个实用性强的题目,既要体现出单片机课程自身的特色,又要很好地培养学生对单片机的兴趣,提高学生的应用技能。

1.2 课程设计实现

课程设计是实验后的一个过程,是实验的总结和归纳。实验是利用实验平台,在学生看懂原理图的基础上,在实验箱中完成的工作,重点工作在于编写程序,熟悉单片机内部资源。课程设计不仅仅是一个简单的项目制作,而是迈向工程实践的门槛,它包括方案选择、原理图设计和论证、软件仿真、硬件制作和调整测试,最后撰写项目总结报告,是一个完整的实践过程。当前,电子信息工程学生要充分认识实验、课程设计和实习等实践训练环节,完成对知识从点到面的归纳总结。

认真做好课程设计环节,可为后续完成一个完整的、功能齐全的项目制作打下良好基础。

1.3 测 试 调 试

课程设计往往忽略的最重要的过程就是测试、修改方案和论证,这是一个提高能力的环节。利用单片机进行测试调试是电子信息类专业课中实践性比较强的一部分,是课程设计完成后进行数据测试和分析、不断完善设计方案和提升设计能力的过程。

第2章

单片机 C 语言基础

　　C51 语言继承了 ANSI C 的绝大部分特性,二者基本语法相同。由于 C51 语言是对硬件进行控制的编程语言,其本身在硬件结构上有所扩展以增强 C 语言对硬件的控制(如关键字 sbit,data,code 等),单片机内部的硬件资源又非常少,所以在写程序时要注意对 RAM(存储数据)和 ROM(存储程序)的使用。编写程序时,要尽量精简,不要让系统负担太大,如少用浮点运算,能够使用 unsigned 的无符号型数据就不要使用有符号的,避免乘除,多用移位运算等操作。

2.1　C 语言概述及其开发环境的建立

　　学习一种编程语言,最重要的是建立一个练习环境,边学边练才能学好。Keil 软件是目前最流行的开发 80C51 系列单片机的软件,它提供了包括 C 编译器、宏汇编、连接器、库管理和一个功能强大的仿真调试器等在内的完整开发方案,通过一个集成开发环境（μVision）将这些部分组合在一起。在学会使用汇编语言后,学习 C 语言编程是一件比较容易的事,本章通过一系列的实例介绍 C 语言编程的方法。图 2 - 1 所示电路图使用 89S52 单片机作为主芯片,这种单片机属于 80C51 系列,其内部有 8 KB 的 FLASH ROM,可以反复擦写,并有 ISP 功能,支持在线下载,非常适于做实验使用。STC89C52 的 P1.0 引脚上接 8 个发光二极管,P3.2 ~ P3.4 引脚上接 4 个按钮开关,任务是让接在 P1.0 引脚上的发光二极管按要求发光。

2.1.1　简单的 C 程序介绍

【例 2 - 1】　接在 P1.0 引脚上的 LED 发光程序如下:
```
#include "reg 51. h"
sbit P1_0 = P1^0;
```

```
void main( )
{
    P1_1 = 0;
}
```

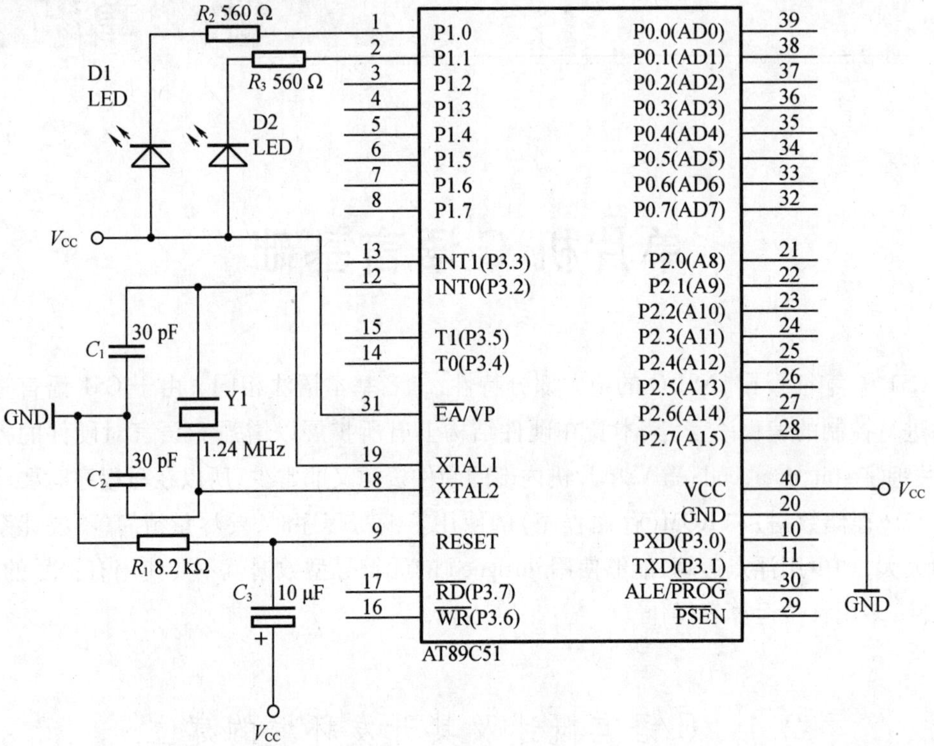

图 2 - 1 LED 原理图

这个程序的作用是让接在 P1.0 引脚上的 LED 点亮。下面来分析一下这个 C 语言程序包含了哪些信息。

1. "文件包含"处理

程序的第一行是一个"文件包含"处理。所谓"文件包含"是指一个文件将另外一个文件的内容全部包含进来,所以这里的程序虽然只有 4 行,但 C 编译器在处理的时候却要处理几十或几百行。这里程序中包含"reg 51. h"文件是为了要使用 P1 这个符号,即通知 C 编译器,程序中所写的 P1 是指 80C51 单片机的 P1 端口,而不是其他变量。这是如何做到的呢? 打开 reg 51. h 可以看到这样一些内容:

reg. h

/ *   BYTE Register   * /

sfr P0   = 0x80;

sfr P1   = 0x90;

sfr P2   = 0xA0;

sfr P3   = 0xB0;

```
sfr PSW   = 0xD0;
sfr ACC   = 0xE0;
sfr B     = 0xF0;
sfr SP    = 0x81;
sfr DPL   = 0x82;
sfr DPH   = 0x83;
sfr PCON  = 0x87;
sfr TCON  = 0x88;
sfr TMOD  = 0x89;
sfr TL0   = 0x8A;
sfr TL1   = 0x8B;
sfr TH0   = 0x8C;
sfr TH1   = 0x8D;
sfr IE    = 0xA8;
sfr IP    = 0xB8;
sfr SCON  = 0x98;
sfr SBUF  = 0x99;
/*    BIT Register    */
sbit CY   = 0xD7;
sbit AC   = 0xD6;
sbit F0   = 0xD5;
sbit RS1  = 0xD4;
sbit RS0  = 0xD3;
sbit OV   = 0xD2;
sbit P    = 0xD0;
/*   TCON   */
sbit TF1  = 0x8F;
sbit TR1  = 0x8E;
sbit TF0  = 0x8D;
sbit TR0  = 0x8C;
sbit IE1  = 0x8B;
sbit IT1  = 0x8A;
sbit IE0  = 0x89;
sbit IT0  = 0x88;
/*   IE   */
sbit EA   = 0xAF;
sbit ES   = 0xAC;
```

```
sbit ET1   = 0xAB;
sbit EX1   = 0xAA;
sbit ET0   = 0xA9;
sbit EX0   = 0xA8;
/*   IP   */
sbit PS    = 0xBC;
sbit PT1   = 0xBB;
sbit PX1   = 0xBA;
sbit PT0   = 0xB9;
sbit PX0   = 0xB8;
/*   P3   */
sbit RD    = 0xB7;
sbit WR    = 0xB6;
sbit T1    = 0xB5;
sbit T0    = 0xB4;
sbit INT1  = 0xB3;
sbit INT0  = 0xB2;
sbit TXD   = 0xB1;
sbit RXD   = 0xB0;
/*   SCON   */
sbit SM0   = 0x9F;
sbit SM1   = 0x9E;
sbit SM2   = 0x9D;
sbit REN   = 0x9C;
sbit TB8   = 0x9B;
sbit RB8   = 0x9A;
sbit TI    = 0x99;
sbit RI    = 0x98;
```

这里都是一些符号的定义,即规定符号名与地址的对应关系。

注意其中有"sfr P1 = 0x90;"即定义 P1 与地址"0x90"对应,P1 口的地址就是"0x90"。"sfr"并非为标准 C 语言的关键字,而是 Keil 为能直接访问 80C51 中的 SFR 而提供了一个新的关键词,其用法是: sfr 变量名 = 地址值。

2. 用符号 P1_0 来表示 P1.0 引脚

在 C 语言里,如果直接写"P1.0",C 编译器并不能识别,而且 P1.0 也不是一个合法的 C 语言变量名,所以给它另起一个名称,这里起的名称为"P1_0"。Keil C 用关键字 sbit 来定义,sbit 的用法有三种:

(1)sbit 位变量名=地址值;

（2）sbit 位变量名 = SFR 名称^变量位地址值；

（3）sbit 位变量名 = SFR 地址值^变量位地址值。

例如，定义 PSW 中的 OV 可以用以下 3 种方法：

（1）sbit OV = 0xd2　　说明：0xd2 是 OV 的位地址值；

（2）sbit OV = PSW^2　　说明：其中 PSW 必须先用 sfr 定义好；

（3）sbit OV = 0xD0^2　　说明：0xD0 就是 PSW 的地址值。

因此，这里用"sfr P1_0 = P1^0;"来定义"用符号'P1_0'表示 P1.0 引脚"。

3. main 称为"主函数"

每一个 C 语言程序有且只有一个主函数，函数后面一定有一对大括号"{}"，在大括号里面书写其他程序。

【例 2 - 2】　让接在 P1.0 引脚上的 LED 闪烁发光的程序如下：

```
#include " reg 51. h"
#define uchar unsigned char
#define uint   unsigned int sbit
P1_0 = P1^0;
/ * 延时程序   由 Delay 参数确定延迟时间 */
void mDelay(unsigned int Delay)
{ unsigned int i;
for( ;Delay > 0;Delay - - )
  { for( i = 0;i < 124;i + + )
  {;}
  }
}
void main( )
{ for( ;;)
  { P1_0 = ! P1_0;   //取反 P1.0 引脚
    mDelay(1000);
  }
}
```

主程序 main 中的第一行暂且不看，第二行是"P1_0 = ! P1_0;"，在后一个"P1_0"前有一个符号"!"，这个符号是 C 语言的一个运算符，就像数学中的"+""-"一样，是一种运算符，意义是"取反"，即将该符号后面的那个变量的值取反。

注意：取反运算只是对变量的值而言，并不会自动改变变量本身。可以认为 C 编译器在处理"! P1_0"时，将 P1.0 的值给了一个临时变量，然后对这个临时变量取反，而不是直接对 P1.0 取反，因此取反完毕后还要使用赋值符号（=）将取反后的值再赋给 P1.0。如果原来 P1.0 是低电平（LED 亮），那么取反后，P1.0 就是高电平（LED 灭）；反之，如果 P1.0 是高电平，取反后，P1.0 就是低电平。这条指令被反复执行，接在 P1.0 上的灯就会不断亮、灭。

该条指令会被反复执行的关键就在于 main 中的第一行程序"for(;;)"。这里不对此作详细介绍，读者暂时只需知道：这行程序连同其后的一对大括号"{}"构成了一个无限循环语句，该大括号内的语句会被反复执行。

程序"mDelay(1000);"的用途是延时 1 s 时间。由于单片机执行指令的速度很快，如果不进行延时，灯亮之后马上就灭，灭了之后马上就亮，速度太快，人眼根本无法分辨。这里 mDelay(1000)并不是由 Keil C 提供的库函数，这个程序中有"void mDelay(…)"这样一行，可见，"mDelay"这个词是自己起的名字，并且为此编写了一些程序行，如果程序中没有这么一段程序行，那就不能使用 mDelay(1000)了。"mDelay"这个名称是由编程者自己命名的，可自行更改，但一旦更改了名称，main()函数中的名字也要作相应更改。

mDelay 后面有一个小括号，小括号里有数据"1000"。这个"1000"被称为"参数"，用它可以在一定范围内调整延时时间的长短，这里用 1 000 来要求延时时间为 1 000 ms。要做到这一点，必须由自己编写的 mDelay 程序决定，详细情况在后面循环程序中再进行分析。

2.1.2　Keil 工程建立

首先要正确安装 Keil 软件。安装完成后启动 μVison，点击"File？ New…"在工程管理器的右侧打开一个新的文件输入窗口。

在这个窗口里输入例 2－2 中的源程序，注意大小写及每行后的分号，不要错输及漏输。

输入完毕之后，选择"File/Save"，给这个文件取名保存。取名时，必须要加上扩展名，一般 C 语言程序均以".c"为扩展名。这里将其命名为"exam2.c"，保存完毕后可以将该文件关闭。

Keil 不能直接对单个的 C 语言源程序进行处理，还必须选择单片机型号，确定编译、汇编、连接的参数，指定调试的方式。而且一些项目中往往有多个文件，为管理和使用方便，Keil 使用"工程(Project)"这一概念，将这些参数设置和所需的所有文件都加在一个工程中，只能对工程而不能对单一的源程序进行编译和连接等操作。

点击"Project"中的"New Project…"菜单，出现对话框，要求给将要建立的工程起名，这里将其命名为"exam2"，不需要输入扩展名。点击"保存"按钮，出现第二个对话框，如图2－2所示。这个对话框要求选择目标 CPU(即所用芯片的型号)。Keil 支持的 CPU 很多，我们选择 Atmel 公司的 89S52 芯片代替 STC89C52 单片机。点击"ATMEL"前面的"＋"号展开该层，点击其中的"89S52"，然后再点击"确定"按钮，回到主窗口。此时，在工程窗口的文件页中，出现了"Target 1"，前面有"＋"号，点击"＋"号展开，可以看到下一层的"Source Group1"。这时的工程还是一个空的工程，里面什么文件也没有，需要手动把刚才编写好的源程序加入。点击"Source Group1"使其反白显示，然后点击鼠标右键，出现一个下拉菜单，如图 2－3 所示。选中其中的"Add New Item to Group 'Source Group1'"，出现一个对话框，要求寻找源文件。双击 exam2.c 文件，将文件加入项目，点击"Source Group 1"前的"+"号,exam3.c 文件已在其中。双击文件名,即打开该源程序。

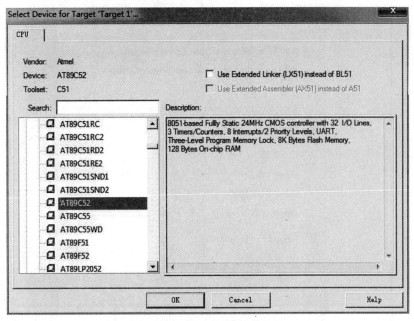

图 2-2　选择单片机型号

2.1.3　工程的详细设置

工程建立好以后,还要对工程进行进一步的设置,以满足要求。

首先点击左边 Project 窗口的"Target 1",然后使用"Project"中的"Option for target 'target1'"菜单即出现对工程设置的对话框。这个对话框共有 8 个页面,大部分设置项取默认值。

1. Target 页

如图 2-4 所示,Xtal 后面的数值是晶振频率值,默认值是所选目标 CPU 的最高可用频率值,该值与最终产生的目标代码无关,仅用于软件模拟调试时显示程序执行时间。正确设置该数值可使显示时间与实际所用时间一致,一般将其设置成与硬件所用晶振频率相同;如果不必了解程序执行的时间,也可以不设。

Memory Model 用于设置 RAM 使用情况,有三个选择项:

(1)Small:所有变量都在单片机的内部 RAM 中;

(2)Compact:可以使用一页(256 字节)外部扩展 RAM;

(3)Larget:可以使用全部外部的扩展 RAM。

Code Model 用于设置 ROM 空间的使用,同样也有三个选择项:

(1)Small:只用低于 2 KB 的程序空间;

(2)Compact:单个函数的代码量不能超过 2 KB,整个程序可以使用 64 KB 程序空间;

(3)Larget:可用全部 64 KB 空间。

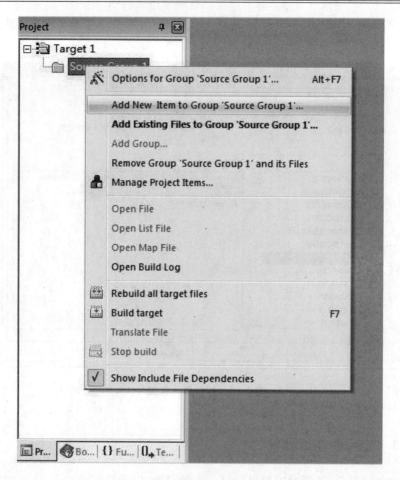

图 2-3　加入文件

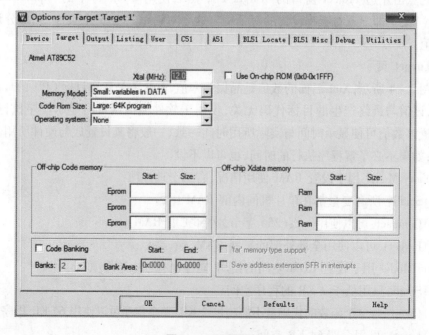

图 2-4　设置目标

这些选择项必须根据所用硬件来决定,由于本例是单片应用,所以均不重新选择,按默认值设置。

Operating 即选择是否使用操作系统,可以选择 Keil 提供的两种操作系统:Rtx tiny 和 Rtx full,也可以不用操作系统(None),这里使用默认项"None",即不用操作系统。

2. OutPut 页

如图 2 - 5 所示,OutPut 页面也有多个选择项,其中"Creat Hex File"用于生成可执行代码文件,该文件可以用编程器写入单片机芯片,其为 intelHEX 格式,文件的扩展名为".HEX",默认情况下该项未被选中,如果要写片做硬件实验,就必须选中该项。工程设置对话框中的其他各页面与 C51 编译选项、A51 的汇编选项、BL51 连接器的连接选项等用法有关,这里均取默认值,不做任何修改。以下仅对一些有关页面中常用的选项做简单介绍。

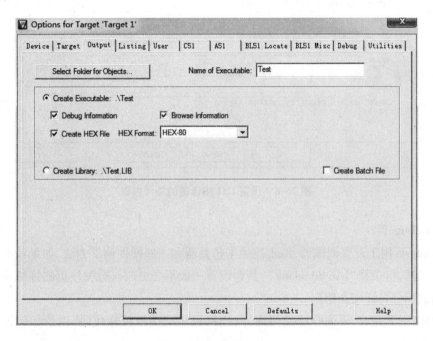

图 2 - 5　设置输出文件

3. Listing 页

Listing 页用于调整生成的列表文件选项。在汇编或编译完成后将产生(∗.lst)的列表文件,在连接完成后也将产生(∗.m51)的列表文件。该页用于对列表文件的内容和形式进行细致的调节。其中,比较常用的选项是"C Compile Listing"下的"Assamble Code"项,选中该项可以在列表文件中生成 C 语言源程序所对应的汇编代码。建议会使用汇编语言的初学者选中该项,在编译完成后多观察相应的 List 文件,查看 C 源代码与对应汇编代码,这对于初学者提高 C 语言编程能力大有好处。

4. C51 页

C51 页用于对 Keil 的 C51 编译器的编译过程进行控制,其中比较常用的是"Code Optimization"组,如图 2 - 6 所示。该组中 Level 是优化等级,C51 在对源程序进行编译时,可以对代码多至 9 级优化,默认使用第 8 级,一般不必修改,如果在编译中出现一些问题,可以降低优化级别试一试。Emphasis 是选择编译优先方式,第一项是代码量优化（最终生成的代码量小）,第二项是速度优先（最终生成的代码速度快）,第三项是缺省。默认采用速度优先,可根据需要更改。

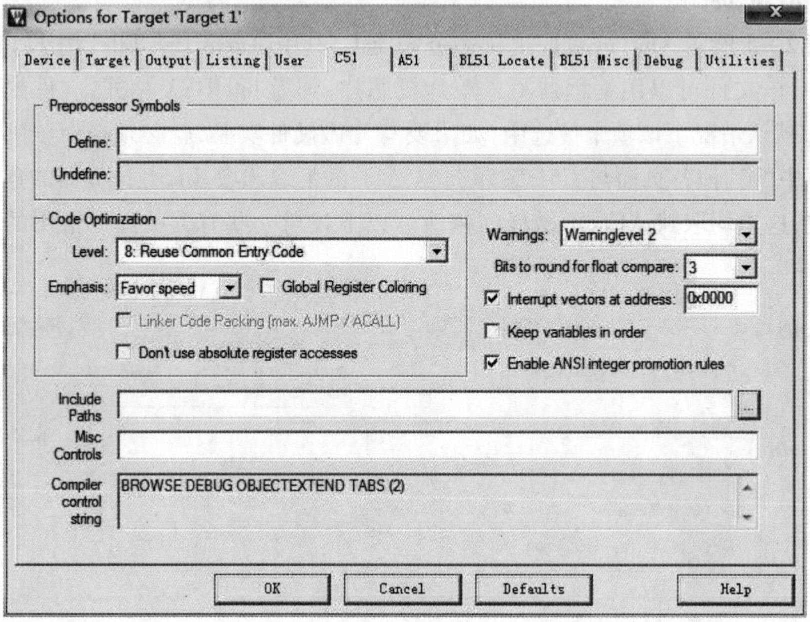

图 2 - 6   设置 C51 编译器的编译过程

5. Debug 页

Debug 页用于设置调试器,Keil 提供了仿真器和一些硬件调试方法,如果没有相应的硬件调试器,应选择"Use Simulator",其余设置一般不必更改。有关该页的详细情况将在程序调试部分再详细介绍。

至此,设置完成,下面介绍如何编译、连接程序以获得目标代码,以及如何进行程序的调试工作。

2.1.4   编译、连接

下面通过一个例子来介绍 C 程序编译、连接的过程。这个例子使 P1 口所接 LED 以流水灯状态显示。将下面的源程序输入,命名为"exam3.c",并建立名为"exam3"的工程文件。将 exam3.c 文件加入该工程中,设置工程。在 Target 页将 Xtal 后的值由 24.0 改为 12.0,以便后面调试时观察延时时间是否正确。本项目中还要用到我们所提供的实验仿真板,为此需在 Debug 页对"Dialog DLL"对话框作一个设置,在进行项目设置时点击"Debug",打开 Debug 页,可以看到 Dialog DLL 对话框后的 Parmeter 输入框中已有默认值"-p52",在其后键入空格后再输入"-dledkey",如图 2-7 所示。

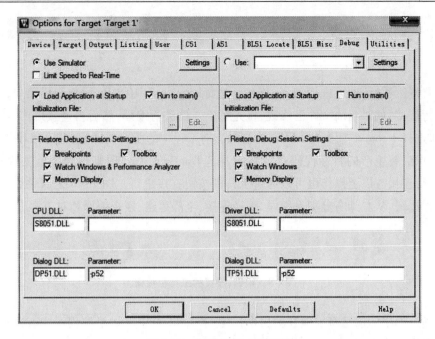

图 2-7　设置编译、连接过程

【例 2-3】　使 P1 口所接 LED 以流水灯状态显示,程序如下:

```
/****************************************
******************/
#include "reg51. h"
#include "intrins. h"
#define uchar unsigned char
#define uint unsigned int
/* 延时程序由 Delay 参数确定延迟时间 */
void mDelay(unsigned int Delay)
{   unsigned int i;
  for( ;Delay > 0;Delay - - )
  { for( i = 0;i < 124;i + + )
    { ;}
  }
}
void main( )
{ unsigned char OutData = 0xfe;
  for( ;;)
  {
    P1 = OutData;
    OutData = _crol_(OutData,1) ; //循环左移
```

```
    mDelay(1000);/* 延时 1 000 ms */
  }
}
```

设置好工程后,即可进行编译、连接。选择"Project"中的"Build target"菜单,对当前工程进行连接,如果当前文件已修改,将先对该文件进行编译,然后再连接以产生目标代码;如果选择 Rebuild All target files,将会对当前工程中的所有文件重新进行编译,然后再连接,确保最终生产的目标代码是最新的,而"Translate ….."项则仅对当前文件进行编译,不进行连接。以上操作也可以通过工具栏按钮直接进行。图 2 - 8 是有关编译、设置的工具栏按钮,从左到右分别是编译、编译连接、全部重建、停止编译和对工程进行设置。

图 2 - 8 编译、设置的工具栏按钮

编译过程中的信息将出现在输出窗口中的 Build 页中。如果源程序中有语法错误,会有错误报告出现,双击该行,可以定位到出错的位置。对源程序修改之后再次编译,最终要得到如图 2 - 9 所示的结果,提示获得了名为"exam3. hex"的文件,该文件即可被编程器读入并写到芯片中,同时还可看到该程序的代码量(code = 63)、内部 RAM 的使用量(data = 9)、外部 RAM 的使用量(xdata = 0)等一些信息。除此之外,编译、连接还产生了一些其他相关的文件,可被用于 Keil 的仿真与调试,到了这一步后即进行调试。

```
Build Output
linking...
Program Size: data=9.0 xdata=0 code=47
"Test" - 0 Error(s), 0 Warning(s).
◄
```

图 2 - 9 编译结果

2.1.5 程序的调试

在对工程成功地进行汇编、连接以后, 按"Ctrl + F5"或者使用"Debug"中的"Start/Stop DebugSession"菜单即可进入调试状态。Keil 内建了一个仿真 CPU 用来模拟执行程序,该仿真 CPU 功能强大,可以在没有硬件和仿真机的情况下进行程序的调试。

进入调试状态后,Debug 菜单项中原来不能用的命令现在已可以使用,多出一个用于运行和调试的工具条,如图 2 - 10 所示。Debug 菜单上的大部分命令可以在此找到对应的快捷按钮,从左到右依次是复位、运行、暂停、单步、过程单步、执行完当前子程序、运行到当前行、下一状态、打开跟踪、观察跟踪、反汇编窗口、观察窗口、代码作用范围分析、1#串行窗口、内存窗口、性能分析、工具按钮等命令。

图 2-10　运行和调试的工具条

使用菜单 STEP 或相应的命令按钮或使用快捷键 F11 可以单步执行程序,使用菜单 STEPOVER 或功能键 F10 可以以过程单步形式执行命令。所谓过程单步,是指把 C 语言中的一个函数作为一条语句来全速执行。按下 F11 键,可以看到源程序窗口的左边出现了一个黄色调试箭头,指向源程序的第一行。每按一次 F11 键,即执行该箭头所指程序行,然后箭头指向下一行,当箭头指向"mDelay(1000);"行时,再次按下 F11 键,会发现箭头指向了延时子程序 mDelay 的第一行。不断按 F11 键,即可逐步执行延时子程序。

如果 mDelay 程序有错误,可以通过单步执行来查找错误。但是,如果 mDelay 程序已正确,每次进行程序调试都要反复执行这些程序行,会使得调试效率很低。为此,可以在调试时使用 F10 键来替代 F11 键,在 main 函数中执行到 mDelay(1000)时将该行作为一条语句快速执行完毕。

Keil 软件还提供了一些窗口,用以观察系统中重要的寄存器或变量值,这也是很重要的调试方法。下面通过对延时程序的延迟时间的调整来对这些调试方法作一个简单的介绍。这个程序中用到了延时程序 mDelay,如果使用汇编语言编程,每段程序的延迟时间可以非常精确地计算出来,而使用 C 语言编程,就没有办法事先计算了。为此,可以使用观察程序执行时间的方法来解决。进入调试状态后,窗口左侧是寄存器和一些重要的系统变量的窗口,其中有一项是"sec",即统计从开始执行到目前为止用去的时间。按 F10 键,以过程单步的形式执行程序,在执行到 mDelay(1000)这一行之前停下,查看 sec 的值(把鼠标停在 sec 后的数值上即可看到完整的数值),记下该数值,然后按下 F10 键,执行完 mDelay(1000)后再次观察 sec 值,如图 2-11 所示。这里前后两次观察到的值分别是 0.000 404 00 和 1.014 426 00,其差值为 1.014 022 s。如果将该值改为 124 可获得更接近于 1 s 的数值,而当该值取 123 时所获得的延时值将小于 1 s,因此最佳的取值应该是 124。

2.1.6　C 语言的一些特点

1. C 语言程序是由函数构成的

一个 C 语言源程序至少包括一个函数,一个 C 语言源程序有且只有一个名为"main()"的函数,也可能包含其他函数。因此,函数是 C 语言程序的基本单位。主程序通过直接书写语句和调用其他函数来实现有关功能,其他函数既可以是由 C 语言本身提供给我们的(如例 2-3 中的_crol_(…)函数,这样的函数称之为库函数),也可以是用户自己编写的(如例 2-2、例 2-3 中用的 mDelay(…)函数,这样的函数称之为用户自定义函数)。那么库函数和用户自定义函数有什么区别呢? 简单地说,任何使用 Keil C 语言的人,都可以直接调用 C 的库函数而不需要为这个函数写任何代码,只需要包含具有该函数说明的相应的头文件即可;而自定义函数则是完全个性化的,是用户根据自己需要而编写的。

Keil C 提供了一百多个库函数供我们直接使用。

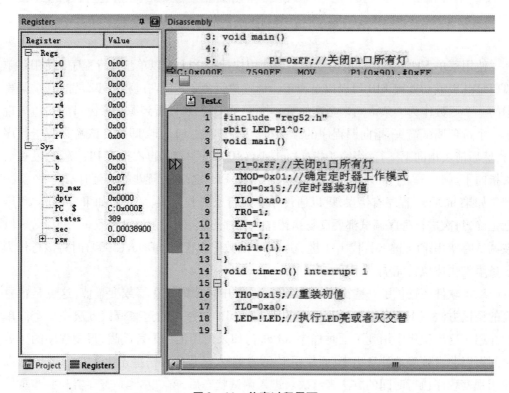

图 2-11　仿真过程界面

2. 一个函数由两部分组成

（1）函数的首部

函数的首部指的是函数的第一行，包括函数名、函数类型、函数属性、函数参数（形参）名、参数类型。

例如：void mDelay（unsigned int DelayTime）

一个函数名后面必须跟一对圆括号，即便没有任何参数也是如此。

（2）函数体

函数体指的是函数首部下面的大括号"{}"内的部分。如果一个函数内有多个大括号，则最外层的一对"{}"为函数体的范围。函数体一般包括：

①声明部分：在这部分中定义所用到的变量，如例 2-2 中的 unsigned char j；

②执行部分：由若干个语句组成。

在某些情况下也可以没有声明部分，甚至既没有声明部分，也没有执行部分，如：

void mDelay( )

　　{}

这是一个空函数，但它是合法的。

在编写程序时，可以利用空函数。例如，主程序需要调用一个延时函数，可具体延时多少，怎样延时，暂时还不清楚，我们可以将主程序的框架结构弄清，先编译通过，把架子搭起来,至于里面的细节可以在以后慢慢地填写,这时可以先写一个空函数,这样在主程序中就可以调用它了。

3. C 语言程序总是从 main 函数开始执行

不管物理位置上 main 函数放在什么地方,一个 C 语言程序都是从这一函数开始执行的。例 2 – 2 中的 main 函数就是放在了最后,事实上这往往是最常用的一种方式。

4. C 语言程序中区分大小写

例如,主程序中的“mDelay”如果写成“mdelay”就会编译出错。

5. C 语言书写格式自由

在 C 语言中,可以在一行写多个语句,也可以把一个语句写在多行,没有行号(但可以有标号),书写的缩进没有要求。但是建议读者自己按一定的规范来写,可以给自己带来方便。

6. 每个语句和资料定义的最后必须有一个分号

分号是 C 语句的必要组成部分。

7. 可以作注释

在 C 语言中,可以用“/ ＊ … ＊/”的形式为 C 语言程序的任何一部分作注释,在“/ ＊”开始后,一直到“ ＊/”为止的中间的任何内容都被认为是注释,所以在书写特别是修改源程序时要注意,有时无意之中删掉一个“ ＊/”,结果从这里开始一直到下一个“ ＊/”中的全部内容都被认为是注释了。

特别地,Keil C 也支持 C＋＋风格的注释,就是用“//”引导的后面的语句作注释,例如:

P1_0 =！ P1_0; //取反 P1.0

这种风格的注释,只对本行有效,所以不会出现上面的问题,而且书写比较方便,所以在只需要一行注释的时候,我们往往采用这种格式。但要注意,只有 Keil C 支持这种格式。

2.2　数　据　类　型

数据是计算机处理的对象,计算机要处理的一切内容最终将要以数据的形式出现。因此, 程序设计中的数据有着很多种不同的含义,不同含义的数据往往以不同的形式表现出来。这些数据,在计算机内部进行处理、存储时往往有着很大的区别。下面来了解 C 语言数据类型的有关知识。

2.2.1　C 语言的数据类型概述

C 语言中常用的数据类型有整型、字符型和实型等。

C 语言中数据有常量与变量之分,它们分别属于以上这些类型。由以上这些数据类型还可以构成更复杂的数据结构,在程序中用到的所有数据都必须为其指定类型。

首先,是 C51 针对硬件控制增加的一些关键字、数据类型,如表 2 – 1 所示。

表 2 - 1　数据类型

数据类型	长 度	值 域
unsigned char	单字节	0 ~ 255
signed char	单字节	− 128 ~ + 127
unsigned int	双字节	0 ~ 65 535
signed int	双字节	− 32 768 ~ + 32 767
unsigned long	四字节	0 ~ 4 294 967 295
signed long	四字节	− 2 147 483 648 ~ + 2 147 483 647
float	四字节	$\pm 1.175\ 494 \times 10^{-38} \sim \pm 3.402\ 823 \times 10^{38}$
*	1 ~ 3 字节	对象的地址
bit	位	0 或 1
sfr	单字节	0 ~ 255
sfr16	双字节	0 ~ 65 535
sbit	位	0 或 1

（1）bit 与我们平时用的 int,char 相同,只不过 int 是两个字节(16 位,16 bit),char 是单字节(8 位,8 bit),bit 就是 1 位,取值范围是 0 和 1,类似 windows 编程里的 BOOL。

（2）sbit 是对应可位寻址空间的一个位,可位寻址区为 20H ~ 2FH。一旦用了 sbit ××× = REGE^6 这样的定义(例如,sibt a = P0^0,定义 P0 口的第 0 位为变量 a,此时对 a 赋值 0 或者 1 时,就是在对 P0 口的第 0 位进行控制,赋低电平或高电平),这个 sbit 量就确定地址了。

（3）sfr 用于定义特殊功能寄存器(8 位)(在程序中会写头文件#include < reg51. h >,在 Keil 中右键点击打开 reg51. h,就可以看到很多 sfr 的定义),如 sfr P0 = 0x80,就定义了端口 P0。

（4）sfr16 用于定义特殊功能寄存器(16 位)。

其次,C51 还提供了对 80C51 所有存储区的访问。

80C51 芯片的存储区从逻辑上分为内部数据存储区、外部数据存储区和程序存储区(内外统一编址)。80C51 有 4 KB 的内部程序存储区(片内 ROM)(0000H ~ 0FFFH),其中前 43 单元有特殊用处,0000H ~ 0002H 无条件跳转,0003H ~ 002AH 用于存放中断程序。256 B 的内部数据存储区(片内 RAM),分为低 128 B 和高 128 B,低 128 B 又分为工作寄存器区(称通用寄存器,00H ~ 1FH)、位寻址区(20H ~ 2FH,之前的 sbit 就是对应位寻址空间中的 1 位)、数据缓冲区(30H ~ 7FH,这个区域可供用户使用,没有任何限制,一共 80 个单位);高 128 B 为特殊功能寄存器(就是上面说的 sfr),具体的内容在很多相关书籍上面都有介绍,有兴趣的读者可自行查阅。

C51 中在对变量进行声明的时候还可以明确指定存储空间。关键字有 DATA,IDA-TA,BDATA(RAM 中高 128 B),CODE 等。

（1）DATA 指定 RAM 中低 128 B,可以在一个机器周期内直接寻址,寻址速度最快,所以应该把经常使用的变量放在 DATA 区。例如:unsigned char data system_status = 0。

(2)BDATA 指定的是 RAM 中的位寻址区,在这个区域定义的变量可以进行位操作。例如:unsigned char bdata status_byte,这里定义变量 status_byte 是一个单字节(8 位)的数据变量,status_byte = 0x00,即变量里面的 8 位都置为了 0,前面讲过一个 sbit,用于位寻址区域中的 1 位,sbit a = status_byte^2;a = 1,表示把变量 status_byte 的第 2 位置为了 1 (0,1,2,3,4,5,6,7 共 8 位),于是变量 status_byte 就等于了 0x02。

(3)CODE 程序存储区,要使用的一些固定数据存于这个区就不用占用 RAM 的空间了。例如,学习数码管显示程序时,数码管上面的每一个数字都对应一个 16 进制的数字,可以把它存到程序存储区中去。如:

```
unsigned char code table[ ] = {
0x3f,0x06,0x5b,0x4f,
0x66,0x6d,0x7d,0x07,
0x7f,0x6f,0x77,0x7c,
0x39,0x5e,0x79,0x71};
```

2.2.2 常量与变量

1. 常量

在程序运行过程中,其值不能被改变的量称为常量。常量可分为不同的类型,如:12,0 为整型常量;3.14,2.55 为实型常量;'a' 'b' 是字符型常量。

【例 2 - 4】 在 P1 口接有 8 个 LED,执行下面的程序:

```
#define LIGHT0   0xfe
#include "reg51.h"
void main( ) {
P1 = LIGHT0;
}
```

程序中用"#define LIGHT0 0xfe"来定义符号"LIGHT0"等于"0xfe",以后程序中所有出现 LIGHT0 的地方均会用 0xfe 来替代。因此,这个程序执行结果就是 P1 = 0xfe,即接在 P1.0 引脚上的 LED 点亮。

这种用标识符代表的常量称为符号常量。使用符号常量的好处如下:

(1)含义清楚。在单片机程序中,常有一些量是具有特定含义的,如某单片机系统扩展了一些外部芯片,每一块芯片的地址即可用符号常量定义,如#define PORTA 0x7fff #define PORTB 0x7ffe 程序中可以用 PORTA,PORTB 来对端口进行操作,而不必写 0x7ff,0x7fe。显然,这两个符号比两个数字更能令人明白其含义。在给符号常量起名时,尽量做到"见名知意",以充分发挥这一特点。

(2)在需要改变一个常量时能做到"一改全改"。如果由于某种原因,端口的地址发生了变化(如修改了硬件),由"0x7fff"改成了"0x3fff",那么只要将所定义的语句改动一下,即改为"#define PORTA 0x3fff",不仅方便,而且能避免出错。设想一下,如果不用符号常量,要在成百上千行程序中把所有表示端口地址的"0x7fff"找出来并改掉可不是件容易的事。

符号常量不等同于变量,它的值在整个作用域范围内不能改变,也不能被再次赋值。如下面的语句是错误的:

LIGHT = 0x01;

2. 变量

值可以改变的量称为变量。一个变量应该有一个名字,在内存中占据一定的存储单元,在该存储单元中存放变量的值。请注意变量名与变量值的区别,下面从汇编语言的角度对此进行解释。使用汇编语言编程时,必须自行确定 RAM 单元的用途,如某仪表有 4 位 LED 数码管,编程时将 3CH ~ 3FH 作为显示缓冲区。当要显示一个字串"1234"时,汇编语言可以这样写:

MOV 3CH,#1

MOV 3DH,#2

MOV 3EH,#3

MOV 3FH,#4

经过显示程序处理后,在数码管上显示 1234。这里的 3CH 就是一个存储单元,而送到该单元中去的"1"是这个单元中的数值,显示程序中需要的是待显示的值"1",但不借助于 3CH 就无法使用这个 1,这就是数与该数据在地址单元的关系。同样,在高级语言中,变量名仅是一个符号,需要的是变量的值,但是不借助于该符号又无法使用该值。实际上,如果在程序中写上"x1 = 5;"这样的语句,经过 C 编译程序的处理之后,也会变成"MOV 3CH,#5"之类的语句,只是究竟是使用 3CH 作为存放 x1 内容的单元还是其他如 3DH,4FH 等作为存放 x1 内容的单元,是由 C 编译器确定的。

用来标明变量名、符号常量名、函数名、数组名、类型名等的有效字符序列称为标识符。简单地说,标识符就是一个名字。

C 语言规定标识符只能由字母、数字和下画线三种字符组成,且第一个字符必须为字母或下画线。要注意的是 C 语言中大写字母与小写字母被认为是两个不同的字符,即 Sum 与 sum 是两个不同的标识符。

标准的 C 语言并没有规定标识符的长度,但是各个 C 编译系统有自己的规定,在 Keil C 编译器中可以使用长达数十个字符的标识符。

在 C 语言中,要求对所有用到的变量进行强制定义,也就是"先定义,后使用"。

3. 常量和变量的用途

初学者往往难于理解常量和变量在程序中各有什么用途,这里再举个例子加以说明。前面的课程中我们多次用到延时程序,其中调用延时程序的语句为

mDelay(1000);

其中,括号中参数"1000"决定了灯流动的速度,但在这些程序中并未对灯流动的速度有要求,因此,直接将"1000"写入程序中即可,这就是常量。显然,这个数据是不能在现场修改的,如果使用中有人提出希望改变流水灯的速度,那么只能重新编程、写片才能更

改。

　　如果在现场有修改流水灯速度的要求,括号中就不能写入一个常数,为此可以定义一个变量(如 Speed),程序写为

　　mDelay(Speed);

然后再编写一段程序,使得 Speed 的值可以通过按键修改,那么流水灯流动的速度就可以在现场修改了,显然这时就需要用到变量了。

2.2.3　整型数据与字符型数据

　　了解了变量与常量的区别,再来看一看不同数据类型的区别。前面程序中的延时程序为

```
void mDelay(unsigned int DelayTime)
{ unsigned int   j = 0;
for( ;DelayTime > 0;DelayTime − − )
   { for(j = 0;j < 125;j + + )
   {;}
   }
}
```

　　在 main 函数中用 mDelay(1000)的形式调用该函数时,延时时间约为 1 s。如果将该函数中的"unsigned int j"改为"unsigned char j",其他任何地方都不作更改,重新编译、连接后,可以发现延迟时间变为约 0.38 s。int 和 char 是 C 语言中的两种不同的数据类型,可见程序中仅改变数据类型就会得到不同的结果。那么,int 和 char 型的数据究竟有什么区别呢?

1.整型数据

(1)整型数据在内存中的存放形式

如果定义了一个 int 型变量 i:

int i = 10;　　　/ ∗ 定义 i 为整型变量,并将 10 赋给该变量 ∗/

　　在 Keil C 中规定使用两个字节表示 int 型数据,因此,变量 i 在内存中的实际占用情况为0000,0000,0000,1010,也就是说整型数据总是用两个字节存放,不足部分用 0 补齐。

　　事实上,数据是以补码的形式存在的。一个正数的补码和其原码的形式是相同的。如果数值是负的,补码的形式就不一样了。求负数的补码的方法是将该数的绝对值的二进制形式取反加 1。例如,−10 的补码方法为第一步取 −10 的绝对值 10,其二进制编码是 1010。由于是整型数占两个字节(16 位),所以其二进制形式实为 0000,0000,0000,1010,取反即变为 1111,1111,1111,0101,然后再加 1 变成了 1111,1111,1111,0110。这就是数 −10 在内存中的存放形式。这里其实只要弄清一点,就是必须补足 16 位,其他的都不难理解。

(2)整型变量的分类

整型变量的基本类型是 int,可以加上有关数值范围的修饰符。这些修饰符分为两类,一类是 short 和 long,另一类是 unsigned,这两类可以同时使用。下面就讲解有关这些修饰符的内容。

在 int 前加上 short 或 long 表示数的大小。对于 Keil C 来说,加 short 和不加 short 是一样的(在有一些 C 语言编译系统中是不一样的),所以这里对 short 就不进行讨论了。如果在 int 前加上 long 的修饰符,那么这个数就被称为长整数。在 Keil C 中,长整数要用 4 个字节来存放(基本的 int 型是两个字节)。显然,长整数所能表达的范围比整数要大,一个长整数表达的范围可以为 $-2^{31} < x < 2^{31} - 1$,大概是在正负 21 亿多;而不加 long 修饰的 int 型数据的范围是 $-32\,768 \sim 32\,767$,可见二者相差很远。

第二类修饰符是 unsigned,即无符号的意思。如果加上此修饰符就说明其后的数是一个无符号的数。无符号与有符号的差别还是数的范围不一样。对于 unsigned int 而言,仍是用两个字节(16 位)表示一个数,但其数的范围是 $0 \sim 65\,535$;对于 unsigned long int 而言,仍是用 4 个字节(32 位)表示一个数,但其数的范围是 $0 \sim 2^{32} - 1$。

2. 字符型数据

(1)字符型数据在内存中的存放形式

字符型数据在内存中是以二进制形式存放的,如果定义了一个 char 型变量 c:

char c = 10;   /＊定义 c 为字符型变量,并将 10 赋给该变量＊/

十进制数 10 的二进制形式为 1010。由于在 Keil C 中规定使用 1 个字节表示 char 型数据,因此,变量 c 在内存中的实际占用情况为 0000,1010。弄明白了整型数据和字符型数据在内存中的存放,两者在前述程序中引起的差别就不难理解了。当使用 int 型变量时,程序需要对 16 位二进制码运算,而 80C51 是 8 位机,一次只能处理 8 位二进制码,所以就要分次处理,因此延迟时间就变长了。

(2)字符型变量的分类

字符型变量只有一个修饰符 unsigned,即无符号的。对于一个字符型变量来说,其表达的范围是 $-128 \sim +127$,而加上了 unsigned 后,其表达的范围变为 $0 \sim 255$。

加了 unsigned 和没有加 unsigned,二者究竟有何区别呢? 其实对于二进制形式而言,char 型变量表达的范围都是 0000,0000 ~ 1111,1111,而 int 型变量表达的范围都是 0000,0000,0000,0000 ~ 1111,1111,1111,1111,只是我们对这些二进制数的理解不一样而已。

使用 Keil C 时,不论是 char 型还是 int 型,我们都非常喜欢用 unsigned 型的数据,这是因为在处理有符号的数时,程序要对符号进行判断和处理,运算的速度会减慢。对单片机而言,速度比不上 PC 机,又工作于实时状态,任何提高效率的手段都要考虑。

(3)字符的处理

在一般的 C 语言中,字符型变量常用处理字符,如:"char c = ′a′;"即是定义一个字符型的变量 c,然后将字符 a 赋给该变量。进行这一操作时, 实际是将字符 a 的 ASCII 码值赋给变量 c,因此,完成这一操作之后,c 的值是 97。既然字符最终也是以数值来存储的,那么和语句"int i=97;"究竟有多大的区别呢? 实际上它们是非常相似的,区别仅仅在于 *i* 是 16 位的,而 *c* 是 8 位的,当 *i* 的值不超过 255 时,两者完全可以互换。C 语言对字符型数据进行这样的处理增大了程序设计时的自由度。典型地,在 C 语言中要将一个大写字母转化为一个小写字母,只要简单地将该变量加上 32 即可(查 ASCII 码表可以看到任意一个大写字母比小写字母小 32)。鉴于此,我们在单片机中往往把字符型变量当成一个"8 位的整型变量"来使用。

3. 数的溢出

一个字符型数的最大值是 127,一个整型数的最大值是 32 767,如果再加 1,会出现什么情况呢? 下面我们用一个例子来说明。

【例 2 - 5】　演示字符型数据和整型数据溢出,程序如下:

```
#includee "reg51.h"
void main()
{ unsigned char a,b;
int c,d;
    a=255;
    c=32767;
b=a+1;
d=a+1;
}
```

输入该文件,命名为"exam23.c",建立工程,加入该文件,在 C 语言优化页将优化级别设为 0,避免 C 编译器认为这种程序无意义而自动优化使我们不能得到想要的结果。编译、连接后,运行,查看变量, 如图 2 - 12 所示。

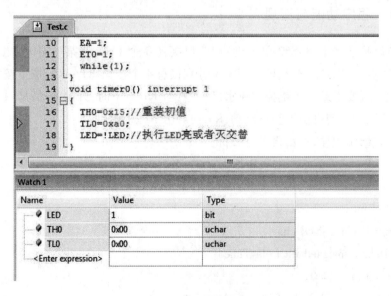

图 2 - 12　数的溢出

可见,b 和 d 在加 1 之后分别变成了 0 和 $-32\,768$。这是为什么呢? 这与我们的数学计算显然不同。其实,只要我们从数字在内存中的二进制存放形式角度进行分析,就不难理解。

首先看变量 a。该变量的值是 255,由于其类型属于无符号字符型,因此该变量在内存中以 8 位(一个字节) 来存放。将 255 转化为二进制即 1111,1111,如果将该值加 1,结果是 1,0000,0000。由于该变量只能存放 8 位,所以最高位的 1 丢失,于是该数字就变为了 0000,0000,自然就是十进制的 0 了。其实这不难理解,录音机上有磁带计数器,共有 3 位,当转到 999 后,再转一圈,本应是 1000,但实际看到的是 000,除非借助于其他方法,否则无法判断其是转了 1000 转还是根本没有动。

在理解了无符号的字符型数据的溢出后,整型变量的溢出也不难理解了。32 767 在内存中存放的形式是 0111,1111,1111,1111,当其加 1 后就变成了 1000,0000,0000,0000,而这个二进制数正是 $-32\,768$ 在内存中的存放形式,所以 c 加 1 后就变成了 $-32\,768$。

可见,在出现这样的问题时,C 编译系统不会给出提示(其他语言中 BASIC 等会报告出错),这有利于编出灵活的程序来,但也会带来一些副作用。这就要求 C 语言程序员对硬件知识有较多的了解,对于数在内存中的存放等基本知识必须牢牢掌握。

2.3 分支程序设计

前面内容我们学习了如何建立 Keil C 的编程环境,并了解了一些 C 语言的基础知识,下面将通过一个键控流水灯程序的分析来学习分支程序设计。

2.3.1 程序功能与实现

硬件电路描述如下:89S52 单片机的 P1 口接有 8 个 LED,当某一端口输出为"0"时,相应的 LED 点亮,P3.2,P3.3,P3.4,P3.5 分别接有 4 个按钮 K1 ~ K4,按下按钮时,相应引脚被接地。现要求编写可键控的流水灯程序:当 K1 按下时,开始流动;K2 按下时停止流动,全部灯灭;K3 使灯由上往下流动;K4 使灯由下往上流动。

下面首先给出程序,然后再进行分析。

【例 2 – 6】 键控流水灯的程序如下:

```
#include "reg51. h"
#include "intrins. h"
#define uchar unsigned char
void mDelay( unsigned int DelayTime)
{ unsigned int  j = 0;
for( ;DelayTime > 0;DelayTime − − )
    { for(j = 0;j < 125;j + +)
```

```
    {;}
    }
}
uchar Key( )
{ uchar KeyV;
uchar tmp;
    P3 = P3|0x3c;    //四个按键所接位置
    KeyV = P3;
if( ( KeyV|0xc3 ) = = 0xff)    //无键按下
return(0);
mDelay(10);    //延时,去键抖
KeyV = P3;
if( ( KeyV|0xc3 ) = = 0xff)
return(0);
else    {
    for( ;;)
{ tmp = P3;
    if( ( tmp|0xc3 ) = = 0xff)
break;}
return( KeyV) ;}
}
void main( )
{ unsigned char OutData = 0xfe;
bit UpDown = 0;
bit Start = 0;
uchar KValue;
    for( ;;)
    { KValue = Key( );
    switch ( KValue)
    { case 0xfb:    //P3.2 = 0,Start
    { Start = 1;
    break; }
    case 0xf7:    //P3.3 = 0,Stop
    { Start = 0;
    break; }
    case 0xef:    //P3.4 = 0 Up
    {
```

```
    UpDown = 1;
break;
    }
case
    0xdf:   //P3.5 = 0 Down
    {
UpDown = 0;
    break;
    }
}
    if( Start)
{ if( UpDown)
    OutData = _crol_( OutData,1);
else
    OutData = _cror_( OutData,1);
    P1 = OutData;
    }
else
P1 = 0xff;   //否则灯全灭
mDelay( 1000);
    }
    }
```

输入源程序,保存为"exam21. c",建立名为"exam21"的工程文件,选择的 CPU 型号为 AT89S52,在 Debug 页加入 – ddpj6,以便使用单片机实验仿真板,其他按默认设置。正确编译、连接后进入调试模式,点击"Peripherals/51"实验仿真板,打开实验仿真板,选择 Run(全速运行),此时实验仿真板没有变化,用鼠标点击上方的 K₁ 按钮,松开后即可看到 LED"流动"起来,初始状态是由下往上流动,点击 K3 按钮,可改变 LED 的流动方向,改为由上往下流动,点击 K4 按钮,又可将流动方向变换回来。点击 K2 按钮,可使流动停止,所有 LED"熄灭"。

1. 程序分析

本程序中运用到了两种选择结构的程序,即 if 和 switch。if 语句最常用的形式是:
if(关系表达式)语句 1 else 语句 2

2. 关系运算符和关系表达式

所谓"关系运算"实际上是两个值进行比较,判断其比较的结果是否符合给定的条件。关系运算的结果只有两种可能,即"真"和"假"。例如,3 > 2 的结果为真,而 3 < 2 的结果为假。

C 语言一共提供了 6 种关系运算符:"<"(小于)、"< ="(小于等于)、">"(大于)、">="(大于等于)、"=="(等于)和"!="(不等于)。

用关系运算符将两个表达式连接起来的式子,称为关系表达式。例如,a>b,a+b>b+c,(a=3)>=(b=5)等都是合法的关系表达式。

关系表达式的值只有两种可能,即"真"和"假"。在 C 语言中,没有专门的逻辑型变量,如果运算的结果是"真",用数值"1"表示,而运算的结果是"假"则用数值"0"表示。如式子:x1=3>2 的结果是 x1 等于 1,原因是 3>2 的结果是"真",即其结果为 1,该结果被"="号赋给了 x1。这里须注意,"="不是等于之意(C 语言中等于用"=="表示),而是赋值号,即将该号后面的值赋给该号前面的变量,所以最终结果是 x1 等于 1。式子:x2=3<=2 的结果是 x2=0,请自行分析。

3.逻辑运算符和逻辑表达式

用逻辑运算符将关系表达式或逻辑量连接起来的式子就是逻辑表达式。C 语言提供了三种逻辑运算符:"&&"(逻辑与)、"||"(逻辑或)和"!"(逻辑非)。

C 语言编译系统在给出逻辑运算的结果时,用"1"表示真,用"0"表示假,但是在判断一个量是否是"真"时,以 0 代表"假",而以非 0 代表"真",这一点务必要注意。以下是一些例子:

(1)若 a=10,则! a 的值为 0,因为 10 被作为真处理,取反之后为假,系统给出的假的值为 0。

(2)如果 a=--2,结果与(1)完全相同,原因也同(1),初学时常会误以为负值为假,所以这里特别提醒注意。

(3)若 a=10,b=20,则 a&&b 的值为 1,a||b 的结果也为 1,原因为参与逻辑运算时不论 a 与 b 的值究竟是多少,只要是非零,就被当作"真","真"与"真"相与或者相或,结果都为真,系统给出的结果是 1。

2.3.2 if 语句

if 语句是用来判定所给定的条件是否满足根据判定的结果(真或假)决定执行给出的两种操作之一。

C 语言提供了以下三种形式的 if 语句:

(1)if(表达式) 语句。如果表达式的结果为真,则执行语句,否则不执行。

(2)if(表达式) 语句 1 else 语句 2。如果表达式的结果为真,则执行语句 1,否则执行语句 2。

(3)if(表达式 1) 语句 1。格式如下:

else if(表达式 2) 语句 2

else if(表达式 3) 语句 3

…

else if(表达式 m) 语句 m

else 语句 n

例 2-6 程序中的语句

if((KeyV|0xc3) = =0xff)　//无键按下

return(0);

是第一种 if 语句的应用。该语句中"|"符号是 C 语言中的位运算符,按位相"或"的意思,相当于汇编语言中"ORL"指令,将读取的 P3 口的值"KeyV"与"0xc3"(即 11000011B)按位或,如果结果为"0xff"(即 11111111B)说明没有键被按下,因为中间 4 位接有按键,如果有键按下,那么 P3 口值的中间 4 位中必然有一位或更多位是"0"。该语句中的"return(0)"是返回之意,相当于汇编语言中的"ret"指令,通过该语句可以带返回值,即括号中的数值,返回值就是这个函数的值,在这个函数被调用时,用了如下的形式:

KValue = Key();

因此,返回的结果是该值被赋给 Kvalue 这个变量。因此,如果没有键被按下,则直接返回,并且 Kvalue 的值将变为 0。如果有键被按下,那么 return(0)将不会被执行。

程序其他地方还有这样的用法,请注意观察与分析。

例 2 - 6 程序中的语句

if(Start)

{…… 灯流动显示的代码 }

else

P1 =0xff;　//否则灯全灭

是 if 语句的第二种用法,其中"Start"是一个位变量,该变量在 main 函数中被定义,并赋以初值 0,该变量在按键 K1 被按下后置为 1,而 K2 按下后被清为 0,用来控制灯流动是否开始。这就是判断该变量并决定灯流动是否开始的代码,观察 if 后面括号中的写法,与其他语言中写法很不一样,并没有一个关系表达式,而仅仅只有一个变量名,C 语言根据这个量是 0 还是 1 来决定程序的走向,如果为 1 则执行灯流动显示的代码,如果为 0 则执行"P1 =0xff;"语句。可见,在 C 语言中,数据类型的概念比其他很多的编程语言要"弱化",或者说 C 语言更注重从本质的角度去考虑问题。if 后面的括号中不仅可以是关系表达式,也可以是算术表达式,还可以就是一个变量,甚至是一个常量。不管怎样,C 语言总是根据这个表达式的值是零还是非零来决定程序的走向,这个特点是其他程序中所没有的,请注意理解。

　　if 语句的第三种用法在例 2 - 6 程序中没有出现,下面我们举一例说明。在上述的键盘处理函数 Key 中,如果没有键被按下,返回值是 0,如果有键被按下,经过去键抖的处理,将返回键值,程序中的"return(KeyV);"即返回键值。当 K1 被按下(P3.2 接地)时,返回值是 0xfb(11111011B),而 K2 被按下(P3.3 接地)时,返回值是 0xf7(11110111B),K3 被按下(P3.4 接地)时,返回值是 0xef(11101111B),K4 被按下(P3.5 接地)时,返回值是 0xdf(11011111B),该值将被赋给主程序中调用键盘程序的变量 KVALUE。程序用了另一种选择结构 switch 进行处理,关于 switch 将在后面内容中介绍。下面用 if 语句来改写:

if(KValue = =0xfb)

{Start = 1 ;}

　　else if(KValue = = 0xf7)

　　　{Start = 0 ;}

　　　else if(KValue = = 0xef)

　　　{UpDown = 1 ;}

　　else if(KValue = = 0xdf)

　　　{UpDown = 0 ;}

　　else {//意外处理}

　　……

　　程序中第一条语句判断 Kvalue 是否等于 0xfb,如果是就执行"Start = 1 ;",执行完毕即退出 if 语句,去执行 if 语句下面的程序;如果 Kvalue 不等于 0xfb 就转去下一个 else if,即判断 Kvalue 是否等于 0xf7,如果等于则执行"Start = 0 ;",并退出 if 语句……这样一直到最后一个 else if 后面的条件判断完毕为止,如果所有的条件都不满足,那么就去执行 else 后面的语句。

2.3.3　if 语句的嵌套

　　在 if 语句中又包含一个或多个语句称为 if 语句的嵌套。其一般形式如下:

if( )

　　if( ) 语句 1

　　else 语句 2

else

　　if( ) 语句 3

　　else 语句 4

　　应当注意 if 与 else 的配对关系,else 总是与它上面的最近的 if 配对。如果写成:

if( )

　　if( )语句 1

else　　语句 2

编程者的本意是外层的 if 与 else 配对,缩进的 if 语句为内嵌的 if 语句,但实际上 else 将与缩进的那个 if 配对,因为两者最近,从而造成歧义。为避免这种情况,建议编程时使用大括号将内嵌的 if 语句括起来,即可以避免出现这样的问题。

2.3.4　swich 语句

　　当程序中有多个分支时,可以使用 if 嵌套实现,但是当分支较多时,则嵌套的 if 语句层数多,程序冗长而且可读性降低。C 语言提供了 switch 语句直接处理多分支选择。switch 语句的一般形式如下:

　　switch(表达式)

```
{case    常量表达式 1:语句 1
 case    常量表达式 2:语句 2
 ……
 case    常量表达式 n:语句 n
 default:语句 n + 1 }
```

说明:switch 后面括号内的"表达式",ANSI 标准允许它为任何类型;当表达式的值与某一个 case 后面的常量表达式相等时,就执行此 case 后面的语句,若所有的 case 中的常量表达式的值都没有与表达式值匹配的,就执行 default 后面的语句;每一个 case 的常量表达式的值必须不相同;各个 case 和 default 的出现次序不影响执行结果。

另外需要特别说明的是,执行完一个 case 后面的语句后,并不会自动跳出 switch,转而去执行其他语句,如上述例子中如果写为:

```
switch（KValue)
{ case 0xfb：   Start = 1;
  case 0xf7：   Start = 0;
  case 0xef：   UpDown = 1;
  case 0xdf：   UpDown = 0;
}
if( Start)
{ …… }
```

假如 KValue 的值是 0xfb,则在转到此处执行"Start = 1;"后,并不是转去执行 switch 语句下面的 if 语句,而是将从这一行开始,依次执行下面的语句,即"Start = 0;""UpDown = 1;""UpDown = 0;"。显然,这样不能满足要求,因此,通常在每一段 case 的结束处加入"break;"语句,使程序退出 switch 结构,即终止 switch 语句的执行。

2.4　循环程序设计

2.3 节中介绍了分支程序的设计,下面介绍程序设计中另一种常用的程序结构——循环结构。

2.4.1　循环程序简介

在一个实用的程序中,循环结构是必不可少的。循环是反复执行某一部分程序行的操作。其有如下两类循环结构:

(1)当型循环,即当给定的条件成立时,执行循环体部分,执行完毕回来再次判断条件,如果条件成立继续循环,否则退出循环。

(2)直到型循环,即先执行循环体,然后判断给定的条件,只要条件成立就继续循环,直到判断出给定的条件不成立时退出循环。

下面我们就通过一些例子来学习 C 语言提供的循环语句,及如何利用这些循环语句编写循环程序。

【例 2 - 7】　使 P1 口所接 LED 以流水灯状态显示,程序如下:

```
#include "reg51.h"
#include "intrins.h"  //该文件包含有_crol_(…)函数的说明
void mDelay(unsigned int DelayTime)
{ unsigned int  j = 0;
  for( ;DelayTime > 0;DelayTime - - )
  { for(j = 0;j < 125;j + +)
  {;}
  }
}

void main()
{ unsigned char OutData = 0xfe;
  while(1)
  { P1 = OutData;
  OutData = _crol_(OutData,1);  //循环左移
  mDelay(1000);  /* 延时 1 000 ms */
  }
}
```

输入源程序,并命名为"exam31.c",建立并设置工程,例 2 - 7 使用实验仿真板演示的过程请自行完成。如果在演示时,发现灯"流动"的速度太快,几乎不能看清,那么可以将 mDelay(1000)中的"1000"改大一些,如改为"2000""3000"或更大。软件仿真无法实现硬件实验一样的速度,这是软件仿真的固有弱点。下面介绍如何用具有仿真功能的实验板来实现这个例子。

将随机带的一根串口电缆一端连接到 PC 机的某一个串口上,另一端连到本实验板上,设置工程,选中 Debug 页,点击右侧的"Use:Keil Monitor - 51 Drive",然后选中"Load Application at Start"和"Run to main()",如图 2 - 13 所示。选择完成后,点击"Settings"按钮,选择所用的 PC 上的串口(COM1 或 COM2)、波特率(通常可以使用 38 400),其他设置一般不需要更改,如图 2 - 14 所示。点击"OK"回到 Debug 页面后即可完成设置。

编译、连接正确后,点击菜单"Debug Start"中的"Stop Debug Session",可以看到在窗口右下角的命令窗口提示正确连接到了 Monitor - 51。此时,即可使用 Keil 提供的单步、过程单步、执行到当前行、设置断点等调试方法进行程序的调试。如果全速运行程序,可看到流水灯的实验效果。

在例 2 - 7 程序中两处使用了循环语句,首先是主程序中使用了"while(1){……}"这样的循环语句写法,在{}中的所有程序将会不断地循环执行,直到断电为止;其次是延时程序,使用了 for 循环语句的形式。

下面我们就对循环语句做一介绍。

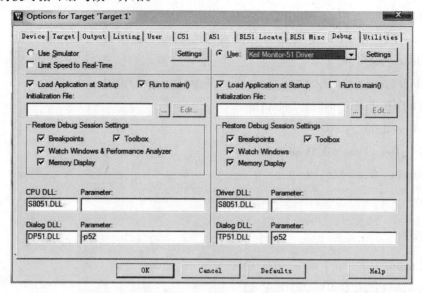

图 2－13　设置 Debug 页

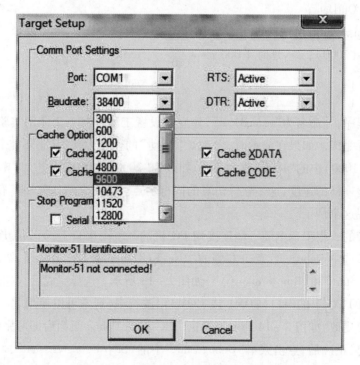

图 2－14　选择串口、波特率及其他选项

2.4.2　while 语句

while 语句用到了"当型"循环结构,其一般形式如下:

while(表达式)语句

　　当表达式为非 0 值(真)时,执行 while 语句中的内嵌语句。其特点是先判断表达式,后执行语句。

　　在例 2 - 7 中,表达式使用了一个常数"1",这是一个非 0 值,即"真",条件总是满足,语句总是会被执行,构成了无限循环。

　　下面再举一例说明。

【例 2 - 8】　当 K1 键被按下时,流水灯工作,否则灯全部熄灭。程序如下:

```
#include "reg51. h"
#include" intrins. h"  //该文件包含有_crol_(…)函数的说明
void mDelay( unsigned int DelayTime)
{ unsigned int   j = 0;
  for( ;DelayTime > 0;DelayTime – – )
   {
   for( j = 0;j < 125;j + + )
   { ;}
   }
}
void main( )
{
   unsigned char OutData = 0xfe;
   while(1)
     { P3 | = 0x3c;
       while( (P3 |0xfb)！ = 0xff)
       { P1 = OutData; OutData = _crol_(OutData,1);  //循环左移
       mDelay(1 000);/ * 延时 1 000 ms * /
       }
     P1 = 0xff;
     }
}
```

　　例 2 - 8 程序中的第二个 while 语句中的表达式用来判断 K1 键是否被按下,如被按下,则执行循环体内的程序,否则执行"P1 = 0xff;"程序行。虽然整个程序是在一个无限循环过程中,但是由于外界条件的变化使得程序执行的过程发生了变化。

2.4.3　do – while 语句

　　do – while 语句用来实现直到型循环,特点是先执行循环体,然后判断循环条件是否成立。其一般形式如下:

　　do　循环体语句　while(表达式)

　　对同一个问题,既可以用 while 语句处理,也可以用 do – while 语句处理。但是这两

个语句是有区别的。下面我们用 do‑while 语句改写例 2‑8。

【例 2‑9】 用 do‑while 语句实现如下功能:K1 按下,流水灯工作,K2 松开,灯全熄灭。程序如下:

```
#include "reg51. h"
#include" intrins. h"  //该文件包含有_crol_(…)函数的说明
void mDelay(unsigned int DelayTime)
{ unsigned int  j = 0;
  for( ;DelayTime > 0;DelayTime − − )
  { for(j = 0;j < 125;j + + )
    {;}
  }
}

void main( )
{ unsigned char OutData = 0xfe;
  while(1)
    { P3| = 0x3c;
    do
      { P1 = OutData; OutData = _crol_(OutData,1); //循环左移
      mDelay(1000); /∗延时 1 000 ms∗/
      }
    while((P3|0xfb)! = 0xff)
    P1 = 0xff;
    }
}
```

例 2‑9 程序除主程序中将 while 用 do‑while 替代外,没有其他的变化,初步设想,如果"while( )"括号中的表达式为"真",即 K1 键被按下,应该执行程序体,否则不执行,效果与例 2‑8 相同。但是事实上,不论 K1 是否被按下,流水灯都在工作。为何会有这样的结果呢?

单步运行程序可以发现,如果 K1 键被按下,的确是在执行循环体内的程序,与设想相同。而当 K1 没有被按下时,按设想循环体内的程序不应该被执行,但事实上 do 后面的语句至少要被执行一次才去判断条件是否成立,所以程序依然会去执行 do 后的循环体部分,只是在判断条件不成立(K1 没有被按下)后,转去执行"P1 = 0xff;",然后又继续循环,而下一次循环中又会先执行一次循环体部分,因此,K1 是否被按下的区别仅在于"P1 = 0xff;"这一程序行是否会被执行到。

2.4.4 for 语句

C 语言中的 for 语句使用最为灵活,不仅可以用于循环次数已经确定的情况,而且可

以用于循环次数不确定而只给出循环结束条件的情况。

　　for 语句的一般形式如下:

　　for(表达式 1;表达式 2;表达式 3) 语句

　　它的执行过程是:

　　(1)先求解表达式 1;

　　(2)求解表达式 2,其值为真,则执行 for 语句中指定的内嵌语句(循环体),然后执行第(3)步,如果为假,则结束循环;

　　(3)求解表达式 3;

　　(4)转回上面的第(2)步继续执行。

　　for 语句典型的应用形式为:

　　for(循环变量初值;循环条件;循环变量增值)语句

　　例如,例 2-9 中的延时程序有这样的程序行:

　　for(j=0;j<125;j++)

　　{;}

执行这行程序时,首先执行 j=0,然后判断 j 是否小于 125,如果小于 125 则去执行循环体(这里循环体没有做任何工作),然后执行 j++,执行完后再去判断 j 是否小于 125……如此不断循环,直到条件不满足(j>=125)为止。如果用 while 语句来改写,应该写为:

　　j=0;

　　while(j<125)

　　{j++;}

可见,用 for 语句更简单、方便。

　　如果变量初值在 for 语句前面赋值,则 for 语句中的表达式 1 应省略,但其后的分号不能省略。例 2-9 程序中有:

　　for(;DelayTime>0;DelayTime--)

　　{…}

的写法,省略掉了表达式 1, 因为这里的变量 DelayTime 是由参数传入的一个值,不能在这个式子里赋初值。

　　表达式 2 也可以省略,但是同样不能省略其后的分号,如果省略该式,将不判断循环条件,循环无终止地进行下去,也就是认为表达式始终为真。

　　表达式 3 也可以省略,但此时编程者应该另外设法保证循环能正常结束。

　　表达式 1、表达式 2 和表达式 3 都可以省略,即形成如 for(;;)的形式,它的作用相当于是 while(1),即构建一个无限循环的过程。循环可以嵌套,如上述延时程序(例 2-9)中就是两个 for 语句嵌套使用构成二重循环,C 语言中的三种循环语句可以相互嵌套。

2.4.5　break 语句

　　在一个循环程序中,可以通过循环语句中的表达式来控制循环程序是否结束,除此之外，还可以通过 break 语句强行退出循环结构。

【例 2 – 10】 开机后，全部 LED 不亮，按下 K1 则从 LED1 开始依次点亮，至 LED8 后停止并全部熄灭，等待再次按下 K1 键，重复上述过程。如果中间 K2 键被按下，LED 立即全部熄灭，返回起始状态。程序如下：

```c
#include "reg51.h"
#include" intrins.h" //该文件包含有_crol_(…)函数的说明
void mDelay( unsigned int DelayTime)
{ unsigned int   j = 0;
  for( ;DelayTime > 0;DelayTime − −)
  { for( j = 0;j < 125;j + +)
  {;}
  }
}

void main( )
{ unsigned char OutData = 0xfe;
unsigned char i;
while(1)
{ P3 | = 0x3c;
  if((P3|0xfb)! = 0xff) //K1 键被按下
  { OutData = 0xfe;      for( i = 0;i < 8;i + +)
  { mDelay(1000); /* 延时 1 000 ms */
  tmp = 0xfe;
    if((P3|0xf7)! = 0xff) //K2 键被按下
  break;
  OutData = _crol_(OutData,i);
      P1& = OutData;
  }
  }
P1 = 0xff;
}
}
```

请读者输入程序、建立工程，使用实验仿真板或者实验板来验证这一功能。注意：K2 按下的时间必须足够长，因为这里每 1 s 才会检测一次 K2 是否被按下。开机后，当检测到 K1 键被按下，执行一个

```c
for( i = 0;i < 8;i + +)
{…}
```

的循环，即循环 8 次后停止，而在这段循环体中，又用到了如下的程序行：" if((P3|

0xf7）！ =0xff) break;"即判断 K2 是否按下,如果 K2 被按下,则立即结束本次循环。

2.4.6　continue 语句

continue 语句的用途是结束本次循环,即跳过循环体中下面的语句,接着进行下一次是否执行循环的判定。

continue 语句和 break 语句的区别是:continue 语句只结束本次循环,而不是终止整个循环的执行;而 break 语句则是结束整个循环过程,不会再去判断循环条件是否满足。

【例 2－11】　将上述例 2－10 中的 break 语句改为 continue 语句,会有什么结果?

开机后,检测到 K1 键被按下,各灯开始依次点亮,如果 K2 键没有被按下,将循环 8次,直到所有灯点亮,又加到初始状态,即所有灯灭,等待 K1 键被按下。如果 K2 键被按下,不是立即退出循环,而只是结束本次循环,即不执行 continue 语句下面的 "OutData = _crol_(OutData,i)；P1& = OutData;"语句,但要继续转去判断循环条件是否满足。因此,不论 K2 键是否被按下,循环总是要经过 8 次才会终止,差别在于是否执行了上述两行程序。如果上述程序行有一次未被执行,意味着有一个 LED 未被点亮,因此,如果按下 K2过一段时间(1~2 s)松开,中间将会有一些 LED 不亮,直到最后一个 LED 被点亮,又回到全部熄灭的状态,等待 K1 被按下。

练习:基本要求同例 2－11,但不是在按下 K2 后有一些灯不亮,而是固定每点亮两个 LED 后,第三个 LED 不亮,请编程实现。

2.5　单片机内部资源编程

通过前面课程的学习,我们已了解了"通用"的 C 语言特性,本节将介绍针对 80C51单片机特性的 C 语言编程。

2.5.1　定时器编程

定时器编程主要是对定时器进行初始化以设置定时器工作模式,确定计数初值等,使用 C 语言编程和使用汇编编程方法非常类似,以下通过一个例子来分析。例如,用定时器实现 P1 所接 LED 每 60 ms 亮或灭一次,设系统晶振为 12 MHz。参考图 2－15 输入源程序,建立并设置工程。本例使用实验仿真板难以得到理想的结果,应使用 DSB－1A 型实验板进行练习。

要使用单片机的定时器,首先要设置定时器的工作方式,然后给定时器赋初值,即进行定时器的初始化。这里选择定时器 0,工作于定时方式,工作方式 1,即 16 位定时/计数的工作方式,不使用门控位。由此可以确定定时器的工作方式字 TMOD 应为 00000001B, 即 0x01。定时初值应为 65 536 － 60 000 ＝5 536,由于不能直接给 T0 赋值,必须将 5 536 化为十六进制即 0x15a0,这样就可以写出初始化程序:

$$TMOD = 0x01;$$

$$TH0 = 0x15;$$

$$TL0 = 0xa0;$$

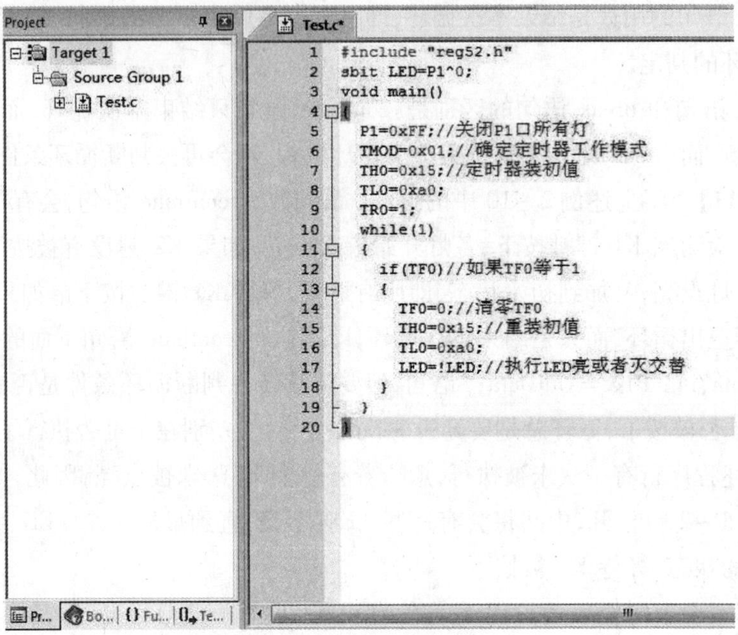

图 2-15　用定时器实现 LED 闪烁

初始化定时器后,要定时器工作,必须将 TR0 置 1,程序中用"TR0 = 1;"来实现。可以使用中断也可以使用查询的方式来使用定时器,本例使用查询方式,中断方式稍后介绍。当定时时间到后,TF0 被置为 1,因此,只需要查询 TF0 是否等于 1 即可得知定时时间是否到达,程序中用"if(TF0){…}"来判断,如果 TF0 = 0,则条件不满足,大括号中的程序行不会被执行,当定时时间到 TF1 = 1 后,条件满足,即执行大括号中的程序行,首先将 TF0 清零,然后重置定时初值,最后执行规定动作——取反 P1.0 的状态。

2.5.2　中断编程

C51 编译器支持在 C 语言源程序中直接开发中断过程,使用该扩展属性的函数定义语法如下:

返回值　函数名　interrupt n

其中,n 对应中断源的编号,其值从 0 开始,以 80C51 单片机为例,编号从 0 到 4 分别对应外中断 0、定时器 0 中断、外中断 1、定时器 1 中断和串行口中断。

1. 中断应用实例

下面我们同样通过一个例子来说明中断编程的应用。

【例 2-12】　用中断法实现定时器控制 P1.0 所接 LED 以 60 ms 闪烁。

参考图 2-16 输入源程序,设置工程。同样地,本例用实验仿真板难以看到真实的效果,应使用 DSB – 1A 型实验板来完成这一实验。

图 2 – 16　用中断法使用定时器

　　本例与例 2 – 7 的要求相同,唯一的区别是必须用中断方式来实现。这里仍选用定时器 T0,工作于方式 1,无门控,因此,定时器的初始化操作与例 2 – 11 相同。要开启中断,必须将 EA(总中断允许)和 ET0(定时器 T0 中断允许)置 1,程序中用"EA = 1;"和"ET0 = 1;"来实现。在做完这些工作以后,就用"for(;;){;}"让主程序进入无限循环中,所有工作均由中断程序实现。由于定时器 0 的中断编号为 1,所以中断程序为:

　　void timer0( ) interrupt 1

扩展的关键字是 interrupt,它是函数定义时的一个选项,只要在一个函数定义后面加上这个选项,那么这个函数就变成了中断服务函数。在后面还能加上一个选项 using,这个选项是指定选用 51 芯片内部 4 组工作寄存器中的那个组。初学者可以不必进行工作寄存器设定,而由编译器自动选择,避免产生不必要的错误。定义中断服务函数时可用如下形式:

　　函数类型　函数名（形式参数）　interrupt n [using n]

interrupt 关键字是不可缺少的,由它告诉编译器该函数是中断服务函数,并由后面的 n 指明所使用的中断号。n 的取值范围为 0 ~ 31,但具体的中断号要取决于芯片的型号,像 AT89c51 实际上就使用 0 ~ 4 号中断。每个中断号都对应一个中断向量,具体地址为 $8n$ + 3,中断源响应后处理器会跳转到中断向量所处的地址执行程序,编译器会在这个地址上产生一个无条件跳转语句,转到中断服务函数所在的地址执行程序。表 2 – 2 所示为 51 芯片的中断源和中断向量。

表 2 – 2   AT89C51 芯片中断源和中断向量

中断源	中断向量
上电复位	0000H
外部中断 0	0003H
定时器 0 溢出	000BH
外部中断 1	0013H
定时器 1 溢出	001BH
串行口中断	0023H
定时器 2 溢出	002BH

使用中断服务函数时应注意：中断函数不能直接调用中断函数；不能通过形参传输参数；在中断函数中调用其他函数,两者所使用的寄存器组应相同。

下面举一个简单的例子。

【例 2 – 13】   首先要在前面做好的实验电路中加入一个按钮,接在 P3.2(12 引脚外部中断 INT0)和地线之间。把编译好的程序烧录到芯片后,当接在 P3.2 引脚的按钮按下时,中断服务函数 Int0Demo 就会被执行,把 P3 当前的状态反映到 P1,如按钮按下后 P3.7(之前已在这个脚上装过一个按钮)为低,这时 P1.7 上的 LED 就会熄灭。放开 P3.2 上的按钮后,P1 的 LED 状态保持先前按下 P3.2 时 P3 的状态。程序如下：

```
#include
unsigned char P3State(void);//函数的说明,中断函数不用说明
void main(void)
{
    IT0 = 0;//设外部中断 0 为低电平触发
    EX0 = 1;//允许响应外部中断 0
    EA = 1;//总中断开关
    while(1);
}
//外部中断 0 演示,使用 2 号寄存器组
void Int0Demo(void) interrupt 0 using 2
{
    unsigned int Temp;//定义局部变量
    P1 = ~P3State();//调用函数取得 P2 的状态反相后赋给 P1
    for(Temp = 0;Temp < 50;Temp + +);//延时,这里只是演示局部变量的使用
}
//用于返回 P3 的状态,演示函数的使用
unsigned char P3State(void)
{
```

```
unsigned char Temp;
Temp = P3; //读取 P3 的引脚状态并保存在变量 Temp 中
//这样只有一句语句,实在没必要做成函数,这里只是学习函数的基本使用方法
return Temp;
}
{…}
```

可见,用 C51 语言写中断程序是非常简单的,只要简单地在函数名后加上 interrupt 关键字和中断编号就可以了。

2. 寄存器组切换

为进行中断的现场保护,80C51 单片机除采用堆栈技术外,还独特地采用寄存器组的方式,在 80C51 中一共有 4 组名称均为 R0 ~ R7 的工作寄存器,中断产生时,可以通过简单地设置 RS0,RS1 来切换工作寄存器组,这使得保护工作非常简便和快速。使用汇编语言时,内存的使用均由编程者设定,编程时通过设置 RS0,RS1 来选择切换工作寄存器组。但使用 C 语言编程时,内存是由编译器分配的,因此,不能简单地通过设置 RS0,RS1 来切换工作寄存器组,否则会造成内存使用的冲突。在 C51 中,寄存器组选择取决于特定的编译器指令,即使用 using n 指定,其中 n 的值为 0 ~ 3,对应使用四组工作寄存器。例如,例 2 – 13 中可以这样来写:

```
void timer0( ) interrupt 1 using 2
{…}
```

即表示在该中断程序中使用第 2 组工作寄存器。

2.5.3　串行口编程

80C51 系列单片机芯片上有 UART 用于串行通信,80C51 中有两个 SBUF,一个用作发送缓冲器,一个用作接收缓冲器。在完成串口的初始化后,只要将数据送入发送 SBUF,即可按设定好的波特率将数据发送出去,而在接收到数据后,可以从接收 BUF 中读到接收到的数据。下面我们通过一个例子来了解串行口编程的方法。

【例 2 – 14】　单片机 P1 口接 8 只发光二极管,P3. 2 ~ P3. 5 接有 K1 ~ K4 共四个按键,使用串行口编程:

(1)由 PC 机控制单片机的 P1 口,将 PC 机送出的数以二进制形式显示在发光二极管上;

(2)按下 K1 向主机发送数字 0x55,按下 K2 向主机发送数字 0xAA,使显示转下一行。

程序如下:

```
#define uchar unsigned char
#include " string. h"
#include " reg51. h"
void SendData( uchar Dat)
```

```
{
    uchar i = 0;
    SBUF = Dat;
    while(1)
    {
        if(TI)
        { TI = 0;
          break;
        }
    }
}
void mDelay(unsigned int DelayTime)
{ unsigned char j = 0;
  for( ;DelayTime > 0;DelayTime - - )
  { for(j = 0;j < 125;j + + )
    { ;}
  }
}
uchar Key( )
{ uchar KValue;
    P3 | = 0x3e;  //中间 4 位置高电平
    if((KValue = P3 | 0xe3)! = 0xff)
    { mDelay(10);
      if((KValue = P3 | 0xe3)! = 0xff)
      {
          for( ; ; )
            if((P3 | 0xe3) = = 0xff)
            return(KValue);
      }
    }
    return(0);
}
void main( )
{ uchar KeyValue;
    P1 = 0xff;  //关闭 P1 口接的所有灯
    TMOD = 0x20;  //确定定时器工作模式
    TH1 = 0xFD;
```

```
TL0 = 0xFD;  //定时初值
PCON& = 0x80;  //SMOD = 1
TR1 = 1;    //开启定时器 1
SCON = 0x40;  //串口工作方式 1
REN = 1;    //允许接收
for( ; ; )
{
    if( KeyValue = Key( ) )
    {
        if( ( KeyValue|0xfb )！ = 0xff ) //K1 按下
        SendData( 0x55 );
        if( ( KeyValue|0xf7 )！ = 0xff )
        SendData( 0xaa );
    }
    if( RI )
    { P1 = SBUF;
    RI = 0;
    }
}
}
```

　　输入程序,命名为"exam53. c",建立名为"exam53"的工程,将文件加入,设置工程,使用实验仿真板进行调试。正确编译连接后进入调试, 打开实验仿真板,然后再点击"view/serial #1"打开串口窗口,在窗口空白处点右键,在弹出式菜单中选择"Hex Mode"。单击实验仿真板的 K1 键和 K2 键,即可看到在串行窗口中分别出现 55 和 AA;单击串行窗口的空白处,使其变为活动窗口,即可接收键盘输入,按下键盘上不同的字符键,可见实验仿真板上的 LED 产生相应的变化。按下 K1 一次、K2 连续两次、再按一次 K1 后看到的串行窗口现象,而实验仿真板则是在键盘上按下字符 1 之后看到的现象,灯亮为"0",灯灭为"1",因此灯的组合为 00110001,即 0x31,这正是字符 1 的 ASCII 码值。

　　本程序使用 T1 作为波特率发生器,工作于方式 2(8 位自动重装入方式), 波特率为19 200,串行口工作于方式 1,根据以上条件不难算出 T1 的定时初值为 0xfd,TMOD 应初始化为 0x20,SMOD 应初始化为 0x30,而 PCON 中的 SMOD 位必须置 1,主程序 main 的开头对这些初值进行了设置。设置好初值后,使用"TR1 = 1;"开启定时器 1,使用"REN = 1;"允许接收数据,然后即进入无限循环中开始正常工作。在这个无限循环中首先调用键盘程序,检测是否有键按下,如果有键按下,那么检测是否 K1 键被按下,如果K1 键被按下,则调用发送数据程序,将数据 0x55 送出,如果 K2 键被按下,则将数据0xAA 送出。然后检测 RI 是否等于 1,如果 RI 等于 1,说明接收到字符,将 RI 清零,准备下一次接收,并将接收到的数据送往 P1 口显示。这样,一次循环结束,继续开始下一次循环。

发送函数 SendData 中只有一个参数 Dat,即待发送的字符。函数将待发送的字符送入 SBUF 后,使用一个无限循环等待发送的结束,在循环中通过检测 TI 来判断数据是否发送完毕,发送完毕使用 break 语句退出循环。如果使用 DSB – 1A 型实验板做实验,需要用到一个 PC 端的串口调试程序,并正确设置该调试程序的有关参数,这里以"串口调试助手"软件为例,其参数设置如图 2 – 17 所示。

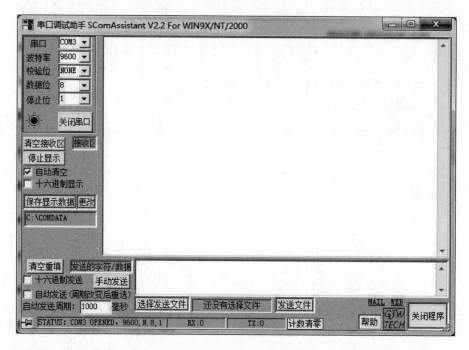

图 2 – 17　设置串口参数

由于该板占用了串口,因此做串口通信类实验时只能用下载全速运行的方法,具体步骤如下:

(1)设置工程,在 Debug 页将波特率设置为 19 200;

(2)进入调试后全速运行程序,然后按"Debug"→"Stop Runing"停止运行,实际上这不会中断硬件电路的工作;

(3)打开 PC 端串口调试软件,正确设置串口参数,即可正常工作。

第 3 章

单片机课程设计实例

3.1 数字电子秤

3.1.1 设计要求

(1)设计一款电子秤,用 LCD 液晶显示器显示被称物体的质量;

(2)可以设定该秤所称的上限;

(3)当物体超重时,能自动报警。

3.1.2 设计方案

数字电子秤系统可分为单片机控制电路、A/D 转换电路、传感器、LCD 显示、键盘、蜂鸣器模块等几部分。采用压力传感器采集因压力变化产生的电压信号,经过电压放大、电路放大,然后再经过模/数转换器转换为数字信号,最后把数字信号送入单片机。单片机经过相应的处理后,得出当前所称物品的质量及总额,然后再显示出来。此外,还可通过键盘设定所称物品的价格。主要技术指标为:称量范围 0 ~ 5 kg;分度值 0.01 kg;精度等级 Ⅲ 级。

数字电子秤的系统设计框图如图 3 - 1 所示。

3.1.3 硬件设计

HX711 是一款专为高精度电子秤而设计的 24 位 A/D 转换器芯片。与同类型其他芯片相比,该芯片集成了包括稳压电源、片内时钟振荡器等外围电路,具有集成度高、响应速度快、抗干扰性强等优点。降低了电子秤的整机成本,提高了整机的性能和可靠性。该芯片与后端 MCU 芯片的接口和编程非常简单,所有控制信号由管脚驱动,无须对芯片内部的寄存器编程。输入选择开关可任意选取通道 A 或通道 B,与其内部的低噪声可编程放大器相连。通道 A 的可编程增益为 128 或 64,对应的满额度差分输入信号幅值分别为 ±20 mV 或 ±40 mV。通道 B 则为固定的 32 增益,用于系统参数检测。芯片内提供的稳压电源可以直接向外部传感器和芯片内的 A/D 转换器提供电源,系统板上无需另外的模拟电源。芯片内的时钟振荡器不需要任何外接器件。上电自动复位功能简化了开机的初始化过程。

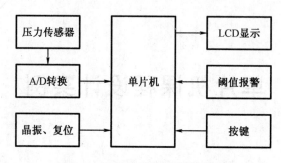

图 3 - 1　数字电子秤系统设计框图

数字电子秤的总体电路图如图 3 - 2 所示。

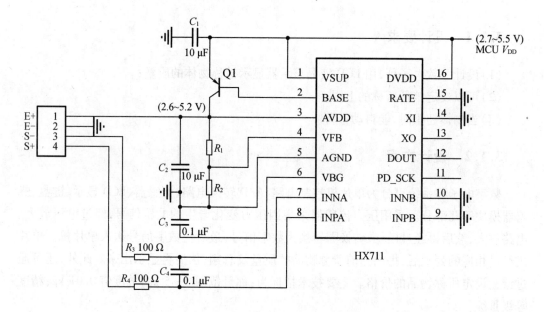

图 3 - 2　数字电子秤总体电路图

3.1.4　软件设计

1. 程序流程图

主程序模块首先进行初始化,并设置量程和单价;称重过程中检测是否超重,当检测到被称物体超过测量上限时进行报警;通过 LCD 液晶显示器显示被称物体的质量和价格。

数字电子秤的主程序流程图如图 3 - 3 所示。

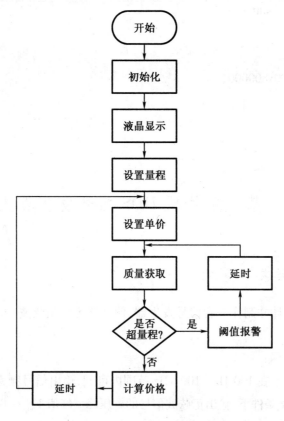

图 3 - 3　数字电子秤主程序流程图

2. 主要程序代码

数字电子秤的主要程序代码如下：

```
sbit    ADDO = P1^5;
sbit    ADSK = P0^0;
unsigned long ReadCount( void)
{
  unsigned long Count;
  unsigned char i;
  ADDO = 1; //非 51 类 MCU,略去此行
  ADSK = 0;
  Count = 0;
  while( ADDO);
  for ( i = 0;i < 24;i + + )
  {
    ADSK = 1;
    Count = Count < <1;
```

```
        ADSK = 0;
        if( ADDO) Count + + ;
    }
    ADSK = 1;
    Count = Count^0x800000;
    ADSK = 0;
    return( Count) ;
}
```

3.2 基于单片机 DDS 信号发生器设计

3.2.1 设计要求

(1)本节主要设计并制作一台信号发生器,使之能产生正弦波、方波和三角波三种周期性波形;

(2)LCD 液晶显示;

(3)输出信号频率在 100 Hz ~ 100 kHz 范围内可调,输出信号频率稳定度优于 10^{-3};

(4)在 1 kΩ 负载条件下,输出正弦波信号的电压峰 – 峰值 V_{opp} 在 0 ~ 5 V 范围内可调;

(5)输出信号波形无明显失真;

(6)自制稳压电源。

3.2.2 设计方案

本系统主要由单片机、DDS 模块、A/D 转换模块等部分组成。整个系统核心控制部分是单片机,通过对键盘进行扫描读入相位信息,经 DAC 转换后输出到芯片 AD9850,最后输出所需波形。键盘输入的数字信息经过单片机控制 LCD 来显示。

基于单片机 DDS 信号发生器设计的系统设计框图如图 3 – 4 所示。

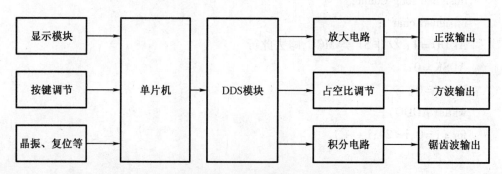

图 3 –4　基于单片机 DDS 信号发生器设计的系统设计框图

3.2.3　硬件设计

本设计采用 DDS 技术作为信号发生器设计制作核心技术的方案,要求设计出的系统能够输出可改变的信号波形类型,还要有能够输出可以通过数字控制来改变大小的信号幅度和信号频率。ADC9850 是用数字控制方法从一个参考频率源产生多种频率的技术,即直接数字频率合成(DDS)技术。其内含可编程 DDS 系统和高速比较器,能实现全数字编程控制的频率合成。可编程 DDS 系统的核心是相位累加器,它由一个加法器和一个 N 位相位寄存器组成, N 一般为 24 ~ 32。每来一个外部参考时钟,相位寄存器便以步长 M 递加。相位寄存器的输出与相位控制字相加后可输入到正弦查询表地址上。正弦查询表包含一个正弦波周期的数字幅度信息,每一个地址对应正弦波中 0° ~ 360° 范围的一个相位点。查询表把输入地址的相位信息映射成正弦波幅度信号,然后驱动 DAC 以输出模拟量。由于 AD9850 芯片的 32 位频率控制字能够由单片机编程控制处理,并能经过放大后加到数字衰减网络,从而实现信号幅度、频率、类型以及输出等选项的全数字控制,所以选择 AD9850 芯片来设计系统。

基于单片机 DDS 信号发生器设计的总体电路图如图 3 – 5 所示。

3.2.4　软件设计

1. 程序流程图

系统软件部分主要包括操作菜单、三种信号波的设置和控制。正弦波产生过程:频率设置,幅度设置,单片机将键盘设置的数据转化成 DDS AD9850 所需要的频率字,并发送给 AD9850,产生相应频率的正弦波,然后和 D/A 输出电压相调制得到相应的正弦波信号。方波产生过程:ADC9850 的 DAC 的输出经低通滤波后接到本身内部的高速比较器上即可直接输出一个抖动很小的方波。三角波产生过程:频率设置,然后控制 DDS 芯片采集正弦波,接入积分电路产生不同频率。其输出信号频率范围扩展为 1 Hz ~ 10 MHz,步进间隔为 1 Hz。在 50 Ω 负载调节下,输出正弦波信号的电压峰 – 峰值 V_{opp} 在 0 ~ 5 V 范围内可调,调节步进间隔为 0.1,输出信号的电压值可通过键盘来进行设置。并且可以实时显示输出信号的类型、幅度、频率。

基于单片机 DDS 信号发生器设计的主程序流程图如图 3 – 6 所示。

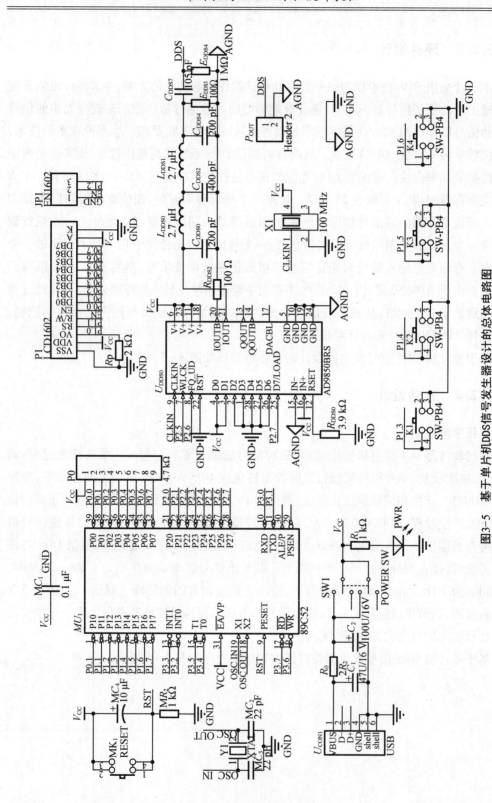

图3-5 基于单片机DDS信号发生器设计的总体电路图

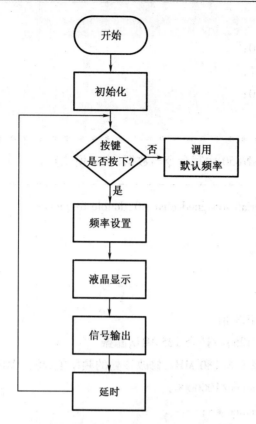

图 3 - 6　基于单片机 DDS 信号发生器设计的主程序流程图

2. 主要程序代码

以下为 AD9850 串行操作的主要代码,包括复位操作和数据写入操作。

```
//*************************************//
//              ad9850 复位(串口模式)              //
//- - - - - - - - - - - - - - - - - - - - - - - - - - - -//
void ad9850_reset_serial( )
{
    ad9850_w_clk = 0;
    ad9850_fq_up = 0;
    //rest 信号
    ad9850_rest = 0;
    ad9850_rest = 1;
    ad9850_rest = 0;
    //w_clk 信号
    ad9850_w_clk = 0;
    ad9850_w_clk = 1;
    ad9850_w_clk = 0;
```

```
//fq_up 信号
ad9850_fq_up = 0;
ad9850_fq_up = 1;
ad9850_fq_up = 0;
}
//****************************************//
//          向 ad9850 中写命令与数据(串口模式)          //
//- - - - - - - - - - - - - - - - - - - - - - - - - - - - - - //
void ad9850_wr_serial( unsigned char w0, double frequence)
{
    unsigned char i,w;
    long int y;
    double x;
    //计算频率的 HEX 值
    x = 4294967295/125;//适合 125 MHz 晶振
    //如果时钟频率不为 180 MHz,修改该处的频率值,单位 MHz   !!!
    frequence = frequence/1000000;
    frequence = frequence * x;
    y = frequence;
    //写 w4 数据
    w = (y > > = 0);
    for( i = 0; i < 8; i + +)
    {
        ad9850_bit_data = (w > >i)&0x01;
        ad9850_w_clk = 1;
        ad9850_w_clk = 0;
    }
    //写 w3 数据
    w = (y > >8);
    for( i = 0; i < 8; i + +)
    {
        ad9850_bit_data = (w > >i)&0x01;
        ad9850_w_clk = 1;
        ad9850_w_clk = 0;
    }
    //写 w2 数据
    w = (y > >16);
```

```
for(i = 0;i < 8;i + +)
{
    ad9850_bit_data = (w > > i)&0x01;
    ad9850_w_clk = 1;
    ad9850_w_clk = 0;
}
//写 w1 数据
w = (y > > 24);
for(i = 0;i < 8;i + +)
{
    ad9850_bit_data = (w > > i)&0x01;
    ad9850_w_clk = 1;
    ad9850_w_clk = 0;
}
//写 w0 数据
w = w0;
for(i = 0;i < 8;i + +)
{
    ad9850_bit_data = (w > > i)&0x01;
    ad9850_w_clk = 1;
    ad9850_w_clk = 0;
}
//移入始能
ad9850_fq_up = 1;
ad9850_fq_up = 0;
}
```

3.3　基于 PWM 直流电机调速系统设计

3.3.1　设计要求

(1)在系统中扩展直流电动机控制驱动电路 L298,驱动直流测速电动机;

(2)使用定时器产生可控的 PWM 波,通过按键改变 PWM 占空比,控制直流电动机的转速;

(3)设计 4 个按键的键盘:K1 控制"启动/停止";K2 控制"正转/反转";K3 控制"加速";K4 控制"减速"。

3.3.2　设计方案

基于 PWM 直流电机调速系统主要包括单片机、按键电路、复位电路、晶振电路、显示电路、直流电机以及电机驱动电路。电机调速控制模块采用由三极管组成的 H 型 PWM 电路。用单片机控制三极管使之工作在占空比可调的开关状态,精确调整电动机转速。

基于 PWM 直流电机调速系统的系统设计框图如图 3－7 所示。

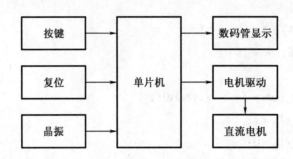

图 3－7　基于 PWM 直流电机调速系统的系统设计框图

3.3.3　硬件设计

L298N 是 ST 公司生产的一种高电压、大电流电机驱动芯片。该芯片采用 15 脚封装,其主要特点是:工作电压高,最高工作电压可达 46 V;输出电流大,瞬间峰值电流可达 3 A,持续工作电流为 2 A;额定功率为 25 W。内含两个 H 桥的高电压大电流全桥式驱动器,可以用来驱动直流电动机和步进电动机、继电器线圈等感性负载;采用标准逻辑电平信号控制;具有两个使能控制端,在不受输入信号影响的情况下允许或禁止器件工作;有一个逻辑电源输入端,使内部逻辑电路部分在低电压下工作;可以外接检测电阻,将变化量反馈给控制电路。

基于 PWM 直流电机调速系统的总体电路图如图 3－8 所示。

3.3.4　软件设计

1. 程序流程图

主程序模块主要包括:键盘扫描设置、正反转设置和转速设置。设置 4 个按键功能:K1 控制"启动/停止";K2 控制"正转/反转";K3 控制"加速";K4 控制"减速"。

基于 PWM 直流电机调速系统的主程序流程图如图 3－9 所示。

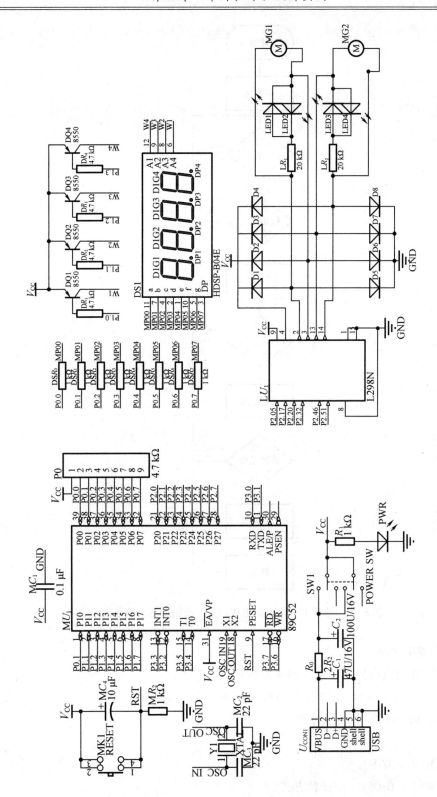

图3-8　基于PWM直流电机调速系统的总体电路图

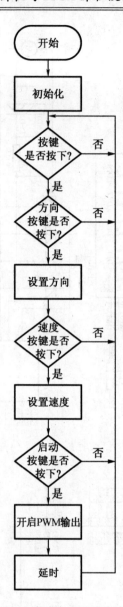

图 3 - 9   基于 PWM 直流电机调速系统的主程序流程图

2. 主要程序代码

基于 PWM 直流电机调速系统的主要程序代码如下:

```
// = = = = = = = =    初始化 CPU    = = = = = = = =
void Ini_T0(void)//T0:位计数器
{
    TMOD & = 0xF0;
    TMOD | = 0x05;   //计数方式
    TL0 = 0;
    TH0 = 0;
```

```
    PT0 = 0；　//低优先级
    ET0 = 0；　//T0 中断禁止
    TR0 = 1；
    T0 = 1；　//P3^4 = 1
}
//==============================================
void Ini_T1(void)//T1:位计数器
{
    TMOD & = 0x0F；
    TMOD | = 0x50；　//计数方式
    TL1 = 0；
    TH1 = 0；
    PT1 = 0；　//低优先级
    ET1 = 0；　//T0 中断禁止
    TR1 = 1；
    T1 = 1；　//P3^5 = 1
}
//==============================================
void Ini_T2(void)//T2:定时器 16 重装时间初值方式
{
    RCLK = 0；　//接收时钟禁止
    TCLK = 0；　//发送时钟禁止
    EXEN2 = 0；　//T2EN 端外部信号无效
    C_T2 = 0；　//定时器
    CP_RL2 = 0；　//重装时间初值
    RCAP2H = c16TimeH；
    RCAP2L = c16TimeL；
    PT2 = 1；
    ET2 = 1；　//T2 中断开
    TR2 = 1；
}
```

3.4 基于单片机的 PT100 测温系统设计

3.4.1 设计要求

（1）设计一个采用热敏电阻为敏感元件的温度测量显示系统；

（2）温度显示范围为 0 ~ 100 ℃，显示分辨率 0.1 ℃；

（3）依据系统要求，具体设计热敏电阻检测电路与单片机的接口电路、4 位 LED 显示电路。

3.4.2 设计方案

基于单片机的 PT100 测温系统主要包括 PT100 电桥、单片机、放大电路、A/D 转换电路、显示电路、晶振电路以及复位电路。以 PT100 电桥为核心，当温度发生变化时，电桥失去平衡，从而在电桥输出端有电压输出，将经过放大器放大后的信号进行 A/D 转换，通过显示电路显示出被测量的环境温度。

基于单片机的 PT100 测温系统的系统设计框图如图 3 – 10 所示。

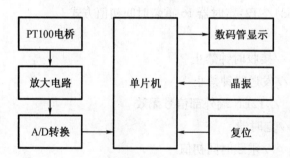

图 3 – 10　基于单片机的 PT100 测温系统设计框图

3.4.3 硬件设计

铂电阻电桥测温电路以热敏电阻 PT100 构成温度测量电桥，当温度发生变化时，电桥失去平衡，从而在电桥输出端有电压输出，后经过集成放大器放大，将放大后的信号输入 A/D 转换芯片，进行 A/D 转换后，用单片机进行数据的处理，通过显示电路，在 LED 显示数码管上显示出被测量的环境温度。

基于单片机的 PT100 测温系统的总体电路图如图 3 – 11 所示。

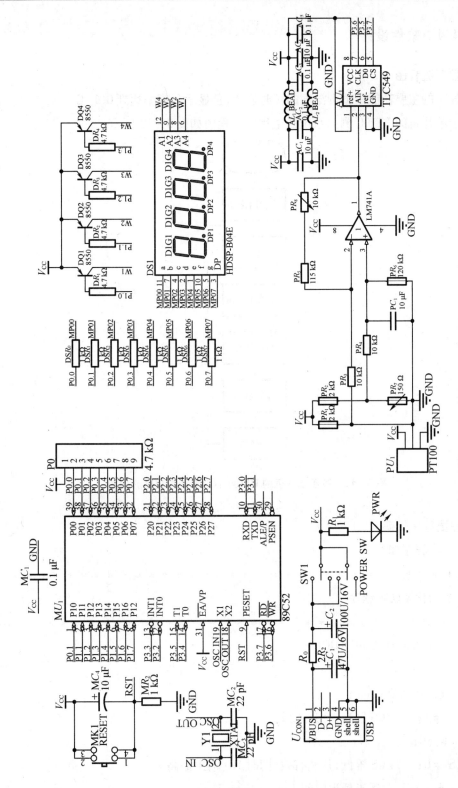

图3-11　基于单片机的PT100测温系统设计总体电路图

3.4.4 软件设计

1. 程序流程图

主程序的主要功能是负责温度的实时显示,且显示分辨率达到0.1 ℃。

基于单片机的 PT100 测温系统的主程序流程图如图3 – 12 所示。

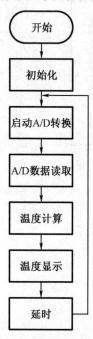

图3 – 12   基于单片机的 PT100 测温系统主程序流程图

2. 主要程序代码

AD 采集程序如下:

```
/ * * * * * * * * * * * * * * * * * * * * * * * * * * * * * * * * * *
AD 初始化及转换程序
 * * * * * * * * * * * * * * * * * * * * * * * * * * * * * * * * * * */
unsigned char TLC549_ADC( void)
{
    unsigned char i,tmp;
    CS =1;      //CS 置高,片选无效
    CLK =0;
    CS =0;      //CS 置低,片选有效,同时 DO 输出最高位
    _nop_( );   //适当延迟时间1.4 μs SetupTime
    for(i =0;i <8;i + +)   //串行数据移位输入
    {
```

```
        tmp < < = 1;
        tmp| = DO;
        CLK = 1;    //0.4 μs
        _nop_();    //CLK 跳变时间最大 0.1 μs
        CLK = 0;    //0.4 μs
    }
    CS = 1;    //CS 置高,片选无效
    for(i = 17;i! = 0;i − −)_nop_();    //NextCoversion 需要延迟时间 17 μs
    return(tmp);
}
```

3.5　红外遥控步进电机

3.5.1　设计要求

(1)设计基于单片机控制的综合系统,单片机通过对红外信号的解码来实现步进电机的变速及 LCD 实时显示步进电机的转速;

(2)通过红外遥控器发射不同的码值来控制步进电机的正转反转、加速减速以及启动停止,并通过 LCD 显示出步进电机的状态。

3.5.2　设计方案

红外遥控步进电机系统主要包括:AT89C52 单片机控制系统、红外接收电路、复位电路、晶振电路、显示电路、步进电机以及电机驱动。单片机通过红外遥控器发射不同的码值来控制步进电机的正转反转、加速减速以及启动停止,并通过 LCD 显示出步进电机的状态。

红外遥控步进电机的系统设计框图如图 3 − 13 所示。

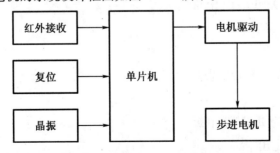

图 3 − 13　红外遥控步进电机系统设计框图

3.5.3　硬件设计

红外遥控步进电机系统采用额定电压为 5 V 直流电,相数为 4 相的步进电机,驱动方式为 4 相 8 拍。一共有 5 根线连接,其中红色的为电源线。采用单极性直流电源供电。只要对步进电机的各相绕组按合适的时序通电,就能使步进电机步进转动。由于单片机 P 口输出的电流比较弱不能驱动步进电机,所以要加一个 ULN2003 芯片来放大电流使之能驱动步进电机工作。ULN2003 是高耐压、大电流达林顿陈列,由 7 个硅 NPN 达林顿管组成。ULN2003 的每一对达林顿都串联一个 2.7 kΩ 的基极电阻,在 5 V 的工作电压下它能与 TTL 和 CMOS 电路共同使用。ULN2003 工作电压高,工作电流大,灌电流可达 500 mA,并且能够在关态时承受 50 V 的电压,输出还可以在高负载电流下并行运行。

红外遥控步进电机的总体电路图如图 3 – 14 所示。

3.5.4　软件设计

1. 程序流程图

主程序模块包括初始化、红外解码判断、步进电机控制。其中红外解码判断包括红外接收和红外解码。

红外遥控步进电机的主程序流程图如图 3 – 15 所示。

2. 主要程序代码

红外解码及步进电机驱动程序如下:

```
/ * * * * * * * * * * * * * * * * * * * * * * * * * * * * * * * * *
INT0 中断服务子函数　　(负责红外解码)
 * * * * * * * * * * * * * * * * * * * * * * * * * * * * * * * * */
void IR_IN( )interrupt 0
{
    unsigned char j, k, Num = 0;
    EX0 = 0; //关闭 INT0 中断
    delay(15); //延时
    if (IRIN = = 1)
    //再确认 IR 信号是否出现
    {
        EX0 = 1; //开 INT0 中断
        return ; //退出
    }
    while (! IRIN)
    //等 IR 变为高电平,跳过 9 ms 的前导低电平信号
```

```
{
    delay(1);
}
while (IRIN)
//等 IR 变为低电平,跳过 4.5 ms 的前导高电平信号
{
    delay(1);
}
for (j = 0; j < 4; j + +)
//收集四组数据
{
    for (k = 0; k < 8; k + +)
    //每组数据有 8 位
    {
        while (IRIN)
        //等 IR 变为低电平
        {
            delay(1);
        }
        while (! IRIN)
        //等 IR 变为高电平
        {
            delay(1);
        }
        while (IRIN)
        //计算 IR 高电平时长
        {
            delay(1);
            Num + +;
            if (Num > = 15)
            {
                EX0 = 1; //0.14 ms 计数过长自动离开
                return;
            }
        } //高电平计数完毕
        IRCOM[j] = IRCOM[j] > > 1; //数据最高位补"0"
```

```
    if ( Num > = 8)
      IRCOM[ j] = IRCOM[ j] | 0x80;
    //数据最高位补"1"
    Num = 0;
  } //end for k
} //end for j
if ( IRCOM[0] ! = 0x00)
//比较用户码
{
  EX0 = 1; //开 INT0 中断
  return ; //退出
}
if ( IRCOM[2] ! = ~ IRCOM[3])
//接收数据是否正确
{
  EX0 = 1; //开 INT0 中断
  return ; //退出
}
beep( ); //蜂鸣器响一声
flag = 1;
if ( IRCOM[2] = = 0x09)   //" +"键
{
  if( rate >4)
  rate - -;
  else
  rate = 4;
}
if ( IRCOM[2] = = 0x1f)   //" -"键
{
  if( rate <15)
  rate + +;
  else
  rate = 15;
}
EX0 = 1; //重新开 INT0 中断
}
```

```
/ * * * * * * * * * * * * * * * * * * * * * * * * * * * * * *
定时器 0 中断服务子函数 （负责步进电机运行）
 * * * * * * * * * * * * * * * * * * * * * * * * * * * * * * */
void   motor_onoff( )   interrupt   1
{
    TL0    = 0xcc;  //2 ms 定时常数
    TH0    = 0xf8;
    count1 + + ;
    if( count1  <  rate)
    {
      return;
    }
    else
    {
      count1 = 0;
      if( direction = = 1)   //运行方向标志
      {
        if( count2  < 8)
        P1  =  FFW[ count2];   //取数据,正转
        count2 + + ;   //取数据次数加 1
        if( count2 = = 8)
        count2 = 0;
      }
    else
      {
        if( count2  < 8)
        P1  =  REV[ count2];   //取数据,反转
        count2 + + ;   //取数据次数加 1
        if( count2  = =  8)
        count2 = 0;
      }
    }
}
```

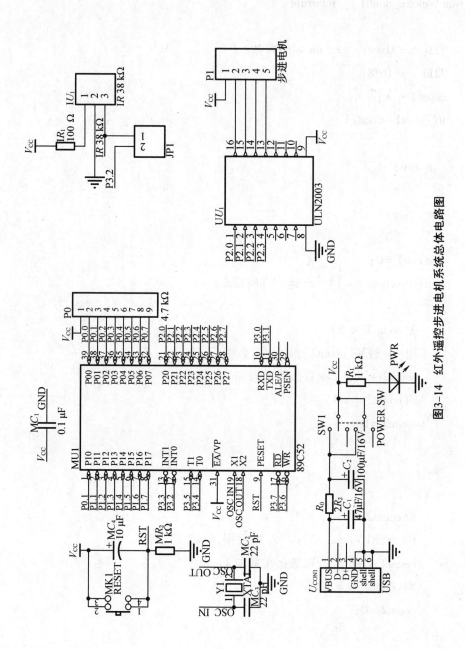

图 3-14 红外遥控步进电机系统总体电路图

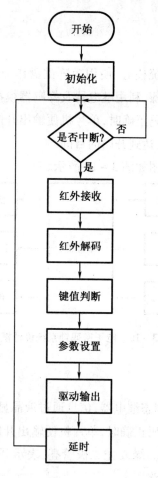

图 3 – 15　红外遥控步进电机系统主程序流程图

3.6　电子密码锁

3.6.1　设计要求

（1）利用单片机 AT89C52 设计一个密码锁，能够使用数码管显示器来显示密码输入的相关信息，通过 10 位数字按键(0~9)设置 8 位数字(0~9)密码；

（2）若键入的 8 位开锁密码不完全正确，则报警 5 s，以提醒他人注意；

（3）键入的 8 位开锁密码完全正确才能开锁，开锁时要有 1 s 的提示音；

（4）2 位功能按键 A（输入校验密码并验证密码）和 B（设置新密码），利用继电器模拟电子门锁做出是否开门以及报警等反应。

3.6.2 设计方案

以单片机为电子密码锁系统核心,使用矩阵键盘作为数据输入方式,驱动液晶显示提示程序运行过程和开锁的步骤,利用继电器及蜂鸣器模拟电子门锁做出是否开门以及报警等反应。当用户输入的密码正确时,单片机便输出开门信号,送到继电器驱动电路,然后驱动继电器常开触点闭合,达到开门的目的。

电子密码锁的系统设计框图如图 3-16 所示。

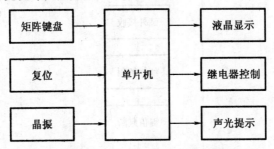

图 3-16 电子密码锁系统设计框图

3.6.3 硬件设计

本次设计中,继电器选用固态继电器,信息通过液晶显示,并利用蜂鸣器和发光二极管声光指示。当用户输入的密码正确时,单片机便输出开门信号,送到继电器驱动电路,然后驱动继电器常开触点闭合。绿发光二极管亮,表示开锁;否则,红发光二极管亮,表示密码输入错误并开启报警电路。

电子密码锁的总体电路图如图 3-17 所示。

3.6.4 软件设计

1. 程序流程图

电子密码锁的软件设计主要包括主程序模块、密码比较判断模块、键盘扫描模块、修改密码模块、数码管显示模块及按键检测模块等。

电子密码锁的主程序流程图如图 3-18 所示。

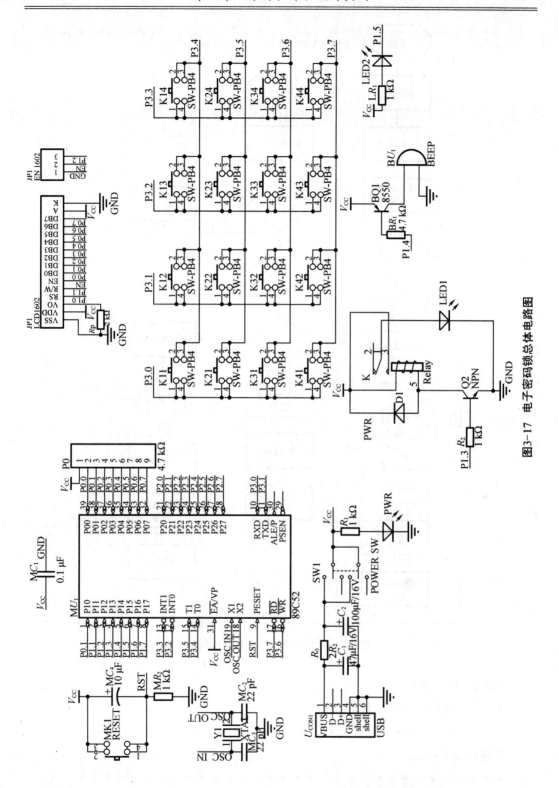

图3-17　电子密码锁总体电路图

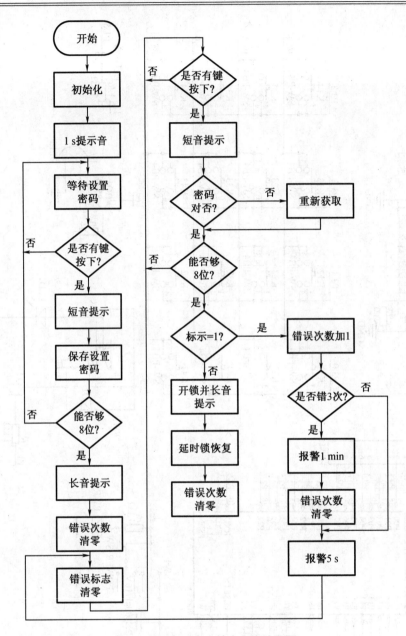

图 3 – 18　电子密码锁主程序流程图

2. 主要程序代码

电子密码锁的主要程序代码如下：

```
/* * * * * * * * * * * * * * * * * * * * * * * * * * * * * * * *
键盘扫描子函数
 * * * * * * * * * * * * * * * * * * * * * * * * * * * * * * * */
uchar keyscan( void)
{
    uchar scan1 , scan2 , keycode , j ;
```

```
    P1 = 0xf0;
    scan1 = P1;
    if (scan1 ! = 0xf0)    //判键是否按下
    {
        delayms(10);    //延时 10 ms
        scan1 = P1;
        if (scan1 ! = 0xf0)    //二次判键是否按下
        {
            P1 = 0x0f;
            scan2 = P1;
            keycode = scan1 | scan2; //组合成键扫描编码
            for (j = 0; j < 16; j + +)
            {
                if (keycode = = key_code[j]) //查表得键值
                {
                    key = j;
                // beep();
                    return (key);    //返回有效键值
                }
            }
        }
    }
    else
    P1 = 0xff;
    return (key = 16);    //返回无效码
}
/* * * * * * * * * * * * * * * * * * * * * * * * * * * * * * * * *
密码比较子函数
* * * * * * * * * * * * * * * * * * * * * * * * * * * * * * * * * */
void   pass_comp(void)
{
    uchar k,temp;
    for(k =0; k <6; k + +)
    {
        temp = PASS_NEW[k] - PASS_OLD[k];
        if(temp ! = 0)
```

```
        {
            pass_ok = 0;    //密码比较错误
            return;
        }
    }
    pass_ok = 1;    //密码比较正确
}
/* * * * * * * * * * * * * * * * * * * * * * * * * * * * * * *
密码输入子函数
 * * * * * * * * * * * * * * * * * * * * * * * * * * * * * * */
void   pass_in(void)
{
    uchar m,n;
    TR0 = 1;
    for(m = 0; m < 3; m + + )    //允许最多3次密码输入
    {
        lcd_pos(9,2);    //第二行9列
    n = 0;
        while((n < 6)&(! sec10))    //10 s 时间限制
        {
            keyscan( );
            if(key < = 9)    //数字键0~9为有效键
            {
                PASS_NEW[n] = key;
                lcd_wdat(PASS_NEW[n] + 0x30);
            n + +;
            beep( );
            }
        }
        pass_comp( );    //密码比较
        if(pass_ok)    //如果比较正确
        {
            T0_count = 0;    //清计数单元
    sec10 = 0;    //清 10 s 标志位
    RELAY = 0;    //继电器吸合
            lcd_pos(0,2);    //设置显示位置为第二行
```

```
        wr_string(cdis5,0);   //显示字符串 5
        return;
      }
    else   //如果比较错误
      {
        T0_count = 0;   //清计数单元
        sec10 = 0;   //清 10 s 标志位
        lcd_pos(0,2);   //设置显示位置为第二行
        wr_string(cdis6,0);   //显示字符串 6
        delayms(1000);   //延时 1 s
        lcd_pos(0,2);   //设置显示位置为第二行
        wr_string(cdis2,0);   //显示字符串 2
      }
  }
  TR0 = 0;
  lcd_pos(0,2);   //设置显示位置为第二行
  wr_string(cdis6,0);   //显示字符串 6
  delayms(2000);   //延时 2 s
  menu1();   //显示菜单 1
}
/* * * * * * * * * * * * * * * * * * * * * * * * * * * * * * * * *
查看密码子函数
 * * * * * * * * * * * * * * * * * * * * * * * * * * * * * * * * */
void   look_pass(void)
{
  keyscan();
  if(key ! = 0x0a)
  return;
  menu3();
  TR0 = 0;   //停止 Timer0 中断
  sec10 = 0;   //清 10 s 标志位
  T0_count = 0;   //清计数单元
  pass_play(PASS_OLD);
  beep();
  while(key ! = 0x0e)   //"E"键退出
  {
```

```
        keyscan();
    }
    menu1();
    beep();
    TR0 = 1;  //启动 Timer0 中断
}
```

/ *
    修改密码子函数
* */

```
void   change_pass(void)
{
    uchar n,pos;
    keyscan();
    if(key！= 0x0b)   //"B"键修改密码
    return;
    else
    pass_ch = 1;  //置修改密码标志位
    menu4();
    beep();
    pos = 9;
    n = 0;
    TR0 = 0;  //停止 Timer0 中断
    sec10 = 0;  //清 10 s 标志位
    T0_count = 0;  //清计数单元
      while(pass_ch)
    {
      keyscan();
    if((key <= 9)&(n <6))   //数字键 0~9 为有效键
      {
          lcd_pos(pos,2);  //第二行 pos 列
          PASS_OLD[n] = key;
          lcd_wdat(PASS_OLD[n] +0x30);
          n + +;
          pos + +;
          beep();
      }
```

```
    else
    if((key = = 0x0c)&(pos > 9))    //"C"修改键
    {
      n - - ;
      pos - - ;
      lcd_pos(pos,2);
      PASS_OLD[n] = 0x2d;
      lcd_wdat(PASS_OLD[n]);
      beep();
    }
    else
    if((key = = 0x0e)&(n = = 6))    //确认退出
    {
      pass_ch = 0;    //清修改密码标志位
      menu1();
      beep();
      TR0 = 1;    //启动 Timer0 中断
    }
  }
}
/* * * * * * * * * * * * * * * * * * * * * * * * * * * * * * * * * * * * * * * *
   启动输入密码子函数
 * * * * * * * * * * * * * * * * * * * * * * * * * * * * * * * * * * * * * * * */
void   input_start(void)
{
   start = 1;    //置启动标志位
   while(start)
   {
     keyscan();    //扫描矩阵键盘
     if(key = = 0x0f)    //"F"键进入密码输入过程
     {
       TR0 = 1;    //启动 Timer0 中断
       if(sec3)    //按住 3 s 有效
       {
         sec3 = 0;    //清 3 s 标志位
         start = 0;    //清启动标志位
```

```
        menu2( );
        TR0 = 0;   //停止 Timer0 中断
        T0_count = 0;   //清计数单元
        beep( );
      }
    }
  else
    {
      TR0 = 0;   //停止 Timer0 中断
      T0_count = 0;   //清计数单元
      sec3 = 0;   //清 3 s 标志位
    }
  }
while( key！ = 16)   //等待键释放
keyscan( );
}
```

3.7 电子万年历的设计制作

3.7.1 设计要求

(1)能够显示年、月、日、星期、时、分、秒;
(2)时间的显示为 24 小时制;
(3)具备通过按键实现年、月、日、星期、时、分、秒的调整功能;
(4)整体上要做到结构简单、功能多样、操作方便、成本低廉。

3.7.2 设计方案

系统由单片机、按键模块、复位电路、晶振电路、显示器以及时钟模块组成。以 AT89C52 单片机为核心,结合 DS1302 时钟芯片显示年、月、日、星期、时、分、秒,同时完成自动调整,并能手动调整时间。

电子万年历的系统设计框图如图 3-19 所示。

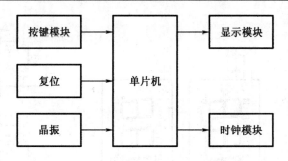

图 3 - 19　电子万年历系统设计框图

3.7.3　硬件设计

时钟芯片 DS1302 由 V_{CC1} 或 V_{CC2} 中的较大者供电。X1 和 X2 是振荡器,外接 32 768 Hz晶振,RST 是复位/片选线,通过把 RST 输入驱动置高电平来启动所有的数据传送。RST 输入有两种功能:首先,RST 接通控制逻辑,允许地址/命令序列被送入移位寄存器;其次,RST 提供终止数据的传送手段。当 RST 为高电平时所有的数据传送被初始化,这时允许对 DS1302 进行操作;相反,若为低电平则终止数据传送。I/O 引脚变为高阻态。SCLK 为时钟输入端,控制数据的输入与输出。I/O 为三线接口时的双向数据线。

电子万年历的总体电路图如图 3 - 20 所示。

3.7.4　软件设计

1. 程序流程图

时间调整使用两个调整按键,一个作为控制位移,另外一个作为"加 1"调整,分别定义为控制按键、加 1 按键。

电子万年历的主程序流程图如图 3 - 21 所示。

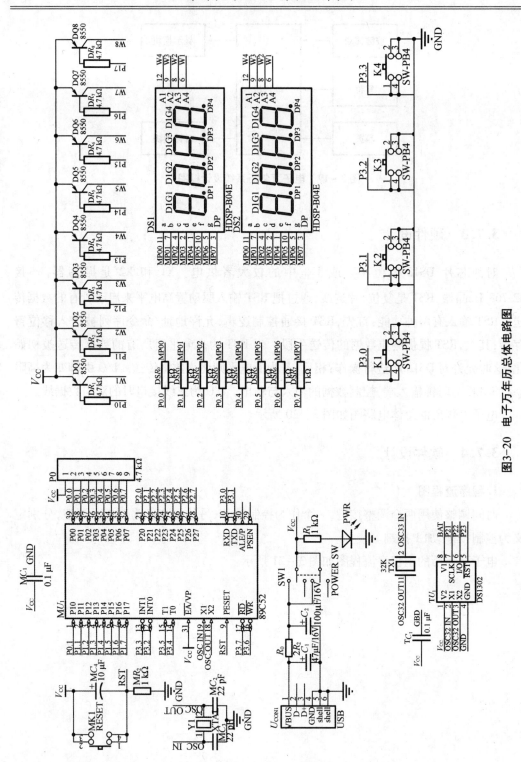

图3-20 电子万年历总体电路图

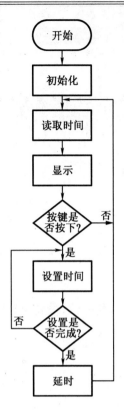

图 3-21　电子万年历主程序流程图

2. 主要程序代码

DS1302 相关操作程序如下：

/ *

DS1302 写字节子函数

 */

```c
void write_byte(unsigned char inbyte)
{
    unsigned char i;
    for (i = 0; i < 8; i + +)
    {
        sclk = 0;
        delayNOP();
        inbyte = inbyte > > 1; //右移一位,最低位移入 CY
        io = CY; //写入 CY
        sclk = 1;
        delayNOP();
    }
}
```

```
}
/ * * * * * * * * * * * * * * * * * * * * * * * * * * * * * * * *
```
DS1302 读字节子函数
```
* * * * * * * * * * * * * * * * * * * * * * * * * * * * * * * */
unsigned char read_byte( )
{
    unsigned char i, temp = 0;
    io = 1; //设置为输入口
    for (i = 0; i < 8; i++)
    {
        sclk = 0;
        delayNOP( );
        temp = temp >> 1; //右移一位,最高位补"0"
        if (io == 1)
        //读
            temp = temp | 0x80;
        //最高位补"1"
        sclk = 1;
        delayNOP( );
    }
    return (temp);
}
/ * * * * * * * * * * * * * * * * * * * * * * * * * * * * * * * *
```
往 DS1302 的某个地址写入数据
```
* * * * * * * * * * * * * * * * * * * * * * * * * * * * * * * */
void write_ds1302(unsigned char cmd, unsigned char indata)
{
    reset = 0;
    delayNOP( );
    sclk = 0; //为低电平时
    delayNOP( );
    reset = 1; //才能置为高电平
    delayNOP( );
    write_byte(cmd); //先写地址
    write_byte(indata); //然后再写数据
    sclk = 1;
```

```
    reset = 0;
}
/* * * * * * * * * * * * * * * * * * * * * * * * * * * * * * * * *
```
读 DS1302 某地址的数据
```
* * * * * * * * * * * * * * * * * * * * * * * * * * * * * * * */
unsigned char read_ds1302(unsigned char addr)
{
    unsigned char backdata;
    reset = 0;
    delayNOP();
    sclk = 0; //为低电平时
    delayNOP();
    reset = 1; //才能置为高电平
    delayNOP();
    write_byte(addr); //先写地址
    backdata = read_byte(); //然后再读数据
    sclk = 1;
    reset = 0;
    return (backdata);
}
/* * * * * * * * * * * * * * * * * * * * * * * * * * * * * * * *
```
写入初始时间子函数
```
* * * * * * * * * * * * * * * * * * * * * * * * * * * * * * * */
void set_ds1302(unsigned char addr, unsigned char * p, unsigned char n)
    //写入 n 个数据
{
    write_ds1302(0x8e, 0x00); //写控制字,允许写操作
    for ( ; n > 0; n - -)
    {
        write_ds1302(addr,   * p);
        p + +;
        addr = addr + 2;
    }
    write_ds1302(0x8e, 0x80); //写保护,不允许写
}
/* * * * * * * * * * * * * * * * * * * * * * * * * * * * * * * *
```

读取当前时间子函数

```
* * * * * * * * * * * * * * * * * * * * * * * * * * * * * * * * */
void read_nowtime( unsigned char addr, unsigned char * p, unsigned char n)
{
    for ( ; n > 0; n − −)
    {
        * p = read_ds1302( addr);
        p + +;
        addr = addr + 2;
    }
}
/ * * * * * * * * * * * * * * * * * * * * * * * * * * * * * * * *
DS1302 初始化
* * * * * * * * * * * * * * * * * * * * * * * * * * * * * * * * */
void init_ds1302( )
{
    reset = 0;
    sclk = 0;
    write_ds1302(0x8e, 0x00); //写控制字,允许写操作
    write_ds1302(0x80, 0x00); //时钟启动
    write_ds1302(0x90, 0xa6); //一个二极管 +4 kΩ 电阻充电
    write_ds1302(0x8e, 0x80); //写控制字,禁止写操作
}
```

3.8 超声波测距器的设计

3.8.1 设计要求

(1)设计一个超声波测距器,可用于倒车雷达、工地以及一些工业现场;

(2)在倒车的过程中,当车与物体相距 0.20 ~ 4.00 m 时,测距器便发出响声,提醒驾驶员,使车不至于撞到物体或人。

3.8.2 设计方案

本节所设计的超声波测距仪主要由 AT89C52 单片机、超声波模块、复位电路、晶振电

路、显示电路和声光提示电路组成。首先由单片机驱动产生 12 MHz 晶振,由超声波发射探头发送出去,在遇到障碍物反射回来时由超声波接收探头检测到信号,然后经过滤波、放大、整形之后送入单片机进行计算,最后把计算结果输出到液晶显示屏上。

超声波测距器的系统设计框图如图 3 - 22 所示。

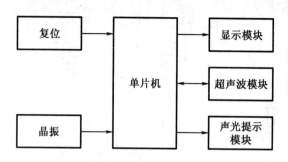

图 3 - 22 超声波测距器系统设计框图

3.8.3 硬件设计

超声波模块接口 HC - SR04 可提供 2 ~ 400 cm 的非接触式距离感测功能,测距精度可达高到 3 mm,模块包括超声波发射器、接收器与控制电路。采用 IO 口 TRIG 触发测距,给最少 10 μs 的高电平信号;模块自动发送 8 个 40 kHz 的方波,自动检测是否有信号返回;有信号返回,通过 IO 口 ECHO 输出一个高电平,高电平持续的时间就是超声波从发射到返回的时间。测试距离 = [高电平时间 × 声速(340 m/s)]/2。

超声波测距器的总体电路图如图 3 - 23 所示。

3.8.4 软件设计

1. 程序流程图

主程序首先要对系统环境初始化,然后发送一个超声波脉冲。为了避免超声波从发射器直接传到接收器引起的直射波,需要延时约 0.1 ms(这也就是超声波测距器会有一个最小可测距离的原因)后才可打开外中断 0 接收返回的超声波信号。最后计算被测物体与测距器之间的距离,结果将以十进制 BCD 码方式送往 LED 显示,约为 0.5 s,然后再发出超声波脉冲,重复测量过程。当距离低于阈值时,进行声光报警。

超声波测距器的主程序流程图如图 3 - 24 所示。

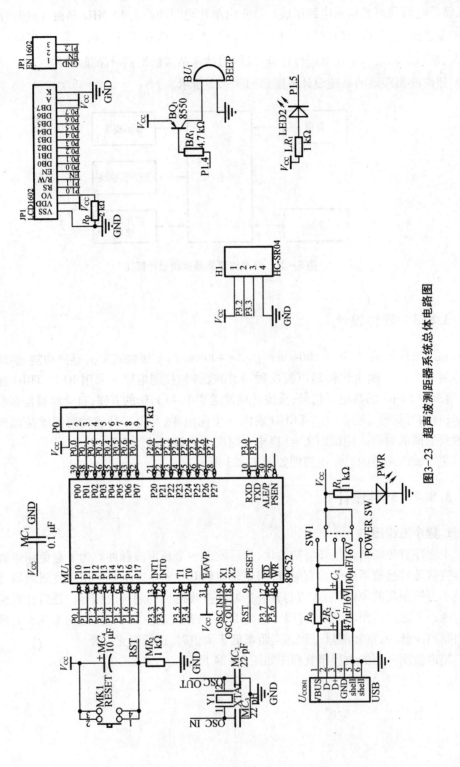

图3-23 超声波测距器系统总体电路图

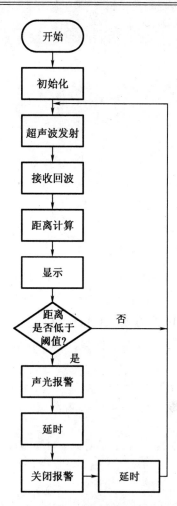

图 3 − 24 超声波测距器系统主程序流程图

2. 主要程序代码

超声波测距程序如下：

```
/* * * * * * * * * * * * * * * * * * * * * * * * * * * * * * * * */
void    StartModule( )    //启动模块
  {
    Tring = 1;   //启动一次模块
    _nop_( );_nop_( );_nop_( );_nop_( );_nop_( );
    _nop_( );_nop_( );_nop_( );_nop_( );_nop_( );
    _nop_( );_nop_( );_nop_( );_nop_( );_nop_( );
    _nop_( );_nop_( );_nop_( );_nop_( );_nop_( );
    _nop_( );
    Tring = 0;
  }

/* * * * * * * * * * * * * * * * * * * * * * * * * * * * * * * * */
void delay( unsigned int ms)
```

```
{
    unsigned char i = 100,j;
    for( ;ms;ms − − )
    {
        while( − −i )
        {
            j = 10;
            while( − −j );
        }
    }
}
void T0_init( )
{
    EA = 0;
    TMOD = 0x01;   //设 T0 为方式 1,GATE = 1;
    TH0 = 0;
    TL0 = 0;
    ET0 = 1;   //允许 T0 中断
    EA = 1;   //开启总中断
}
/* * * * * * * * * * * * * * * * * * * * * * * * * * * * * * * * */
M_Ult( void)
{
    unsigned int S_Ult = 0;
    T0_init( );
        StartModule( );
        while(! Echo);   //当 Echo 为 0 时等待
        TR0 = 1;   //开启计数
        while(Echo);   //当 Echo 为 1 计数并等待
        TR0 = 0;   //关闭计数
        time = TH0 ∗ 256 + TL0;
        TH0 = 0;
        TL0 = 0;
        S_Ult = (time ∗ 1.87)/1; //算出来是 MM
        delay(10);   //80 ms
    return(S_Ult);
}
```

3.9　DS18B20 数字温度计的设计

3.9.1　设计要求

(1)可以显示大于 0 ℃的温度,也可以显示小于 0 ℃的温度;

(2)测温范围为 –30 ~ 100 ℃,测量误差在 ±0.5 ℃的范围内;

(3)具有显示相应环境温度的功能,并且具有超出设定范围内温度时可以报警的功能,相应环境可以人为选择。

3.9.2　设计方案

DS18B20 数字温度计主要由 AT89C52 单片机控制器、显示电路、温度传感器、复位电路、按键电路、晶振电路、声光提示电路组成。显示电路显示温度值。传感器采用美国 DALLAS 半导体公司生产的一种智能温度传感器 DS18B20,其测温范围为 –55 ~ 125 ℃,最高分辨率可达 0.062 5 ℃。

DS18B20 数字温度计的系统设计框图如图 3 – 25 所示。

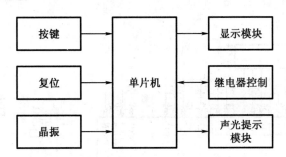

图 3 – 25　DS18B20 数字温度计系统设计框图

3.9.3　硬件设计

温度传感器所感应的温度信号经过其数据传输引脚传送给单片机,单片机将所接收到的温度信号进行处理,并送至显示器 LCD1602 显示,并且能够通过独立按键设置温度报警值,若温度处于报警上限和下限之外,报警电路工作。

DS18B20 数字温度计的总体电路图如图 3 – 26 所示。

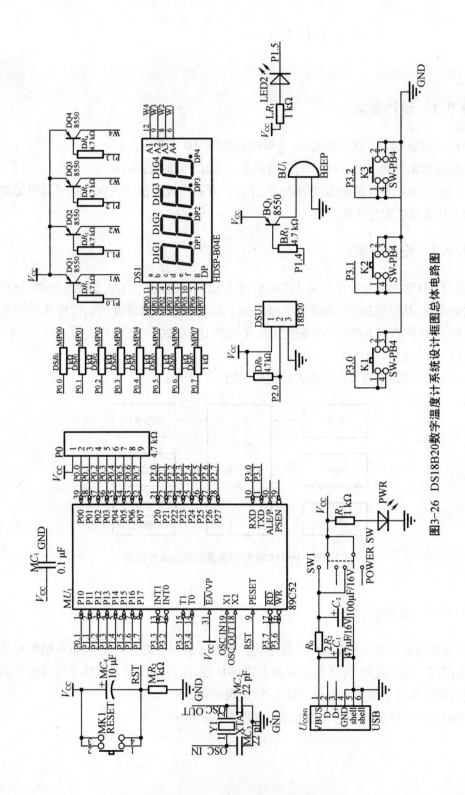

图3-26 DS18B20数字温度计系统设计框图总体电路图

3.9.4　软件设计

1. 程序流程图

DS18B20 数字温度计主程序的主要功能是负责温度的实时显示,读出并处理 DS18B20 所测量的当前温度值,温度测量每 1 s 进行一次。这样可以在 1 s 之内测量一次温度。

DS18B20 数字温度计的主程序流程图如图 3 - 27 所示。

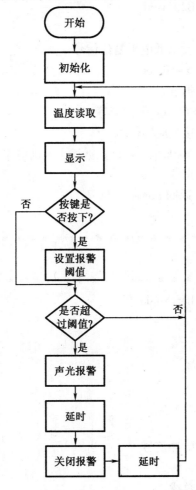

图 3 - 27　DS18B20 数字温度计系统主程序流程图

2. 主要程序代码

DS18B20 操作程序如下:

sbit DQ = P3^3；　//定义 ONEWIRE 端口 DQ

bit　presence；

/* *

μs 延时函数　(8 * 1.085) * num

* */

void Delay(unsigned int num)

```
{
    while( – –num );
}
/* * * * * * * * * * * * * * * * * * * * * * * * * * * * *
DS18B20 初始化
presence = 0   OK   presence = 1   ERROR
* * * * * * * * * * * * * * * * * * * * * * * * * * * * * */
unsigned char Init_DS18B20( void )
{
    DQ = 0;   //单片机发出低电平复位信号
    Delay(60);   //延时 >480 μs
    DQ = 1;   //释放数据线
    Delay(8);   //延时 >64 μs,等待应答
    presence = DQ;   //接收应答信号
    Delay(50);   //延时 >400 μs,等待数据线出现高电平
    DQ = 1;   //释放数据线
    return ( presence );   //返回 presence 信号
}
/* * * * * * * * * * * * * * * * * * * * * * * * * * * * *
读一个字节数据
* * * * * * * * * * * * * * * * * * * * * * * * * * * * * */
unsigned char ReadOneChar( void )
{
    unsigned char i = 0;
    unsigned char dat = 0;
    DQ = 1;
    for ( i = 0; i < 8; i + + )
    {
        DQ = 0;   //给低脉冲信号
        dat > > = 1;
        DQ = 1;   //释放总线
        _nop_( );
        _nop_( );
        if ( DQ )   //读总线电平状态
        dat | = 0x80;   //最高位置 1

        Delay(6);   //延时 >45 μs
        DQ = 1;   //释放总线,表示此次读操作完成
    }
    return ( dat );   //返回所读得数据
```

```
}
/* * * * * * * * * * * * * * * * * * * * * * * * * * * * * * * * *
```
写一个字节数据
```
 * * * * * * * * * * * * * * * * * * * * * * * * * * * * * * * * */
void WriteOneChar(unsigned char dat)
{
  unsigned char i = 0;
  for (i = 0; i < 8; i + + )
  {
    DQ = 0;  //给低脉冲信号
    Delay(1);  //延时 <15 μs
    DQ = dat&0x01;  //写 1 bit 数据
    dat > > = 1;  //数据右移一位,最低位移入 CY
    Delay(6);  //延时 >45 μs
    DQ = 1;  //释放总线,表示此次写操作完成
  }
}
/* * * * * * * * * * * * * * * * * * * * * * * * * * * * * * * * *
```
　读取温度子函数
```
 * * * * * * * * * * * * * * * * * * * * * * * * * * * * * * * * */
void Read_Temperature(void)
{
  uchar i;
  Init_DS18B20();
  if(presence = =1)  //DS18B20 不正常
  {
    Error_Menu ();  //显示错误菜单
  }
  else
  {
    WriteOneChar(0x55);  //匹配 ROM 命令
    for(i =0;i <8;i + + )
    WriteOneChar(RomCode[i]);
    WriteOneChar(0xBE);  //读取温度寄存器
    temp_data[0]  = ReadOneChar();  //温度低 8 位
    temp_data[1]  = ReadOneChar();  //温度高 8 位
    temp_alarm[0] = ReadOneChar();  //温度报警 TH
    temp_alarm[1] = ReadOneChar();  //温度报警 TL
    temp_comp = ((temp_data[0]&0xf0) > >4)|((temp_data[1]&0x0f) < <4);
                                    //取温度整数值
```

```
    Init_DS18B20();
    WriteOneChar(0xCC);   // 跳过读序号的操作
    WriteOneChar(0x44);   // 启动温度转换
    }
}
```

3.10 基于单片机的串行通信发射机设计

3.10.1 设计要求

(1)通过 P1 口来控制,通过按键对系统的各部分进行控制;

(2)P2,P3 口产生信号并通过共阳极数码管显示;

(3)发射程序在通信协议一致的情况下完成数据的发射,同时,显示程序对发射的数据加以显示。

3.10.2 设计方案

系统主要由 AT89C52 单片机、复位电路、晶振电路和 USB 转串口组成。串口通信采用 CH340USB 转串口芯片。

基于单片机的串行通信发射机的系统设计框图如图 3 – 28 所示。

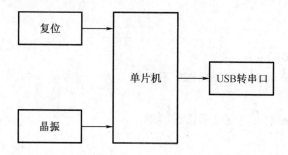

图 3 –28 基于单片机的串行通信发射机系统设计框图

3.10.3 硬件设计

CH340 是一个 USB 总线的转接芯片,实现 USB 转串口、USB 转 IrDA 红外或者 USB 转打印口。在串口方式下,CH340 提供常用的 MODEM 联络信号,用于为计算机扩展异步串口,或者将普通的串口设备直接升级到 USB 总线。在红外方式下,CH340 外加红外收发器即可构成 USB 红外线适配器,实现 SIR 红外线通信。

基于单片机的串行通信发射机的总体电路图如图 3 – 29 所示。

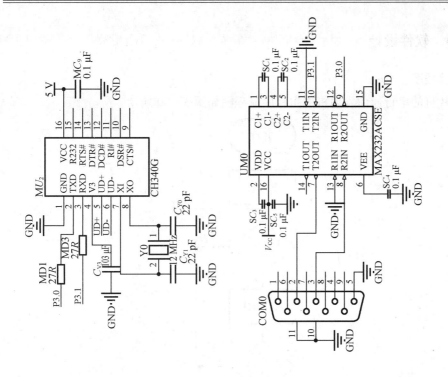

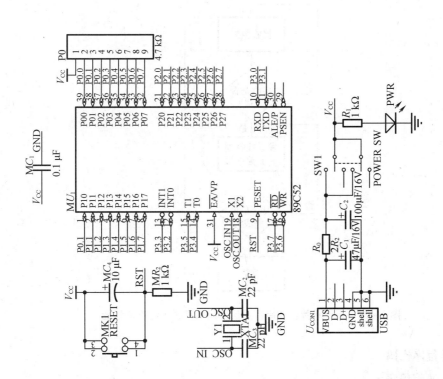

图3-29　基于单片机的串行通信发射机总体电路图

3.10.4 软件设计

1. 程序流程图

基于单片机的串行通信发射机的主程序流程图如图 3-30 所示。

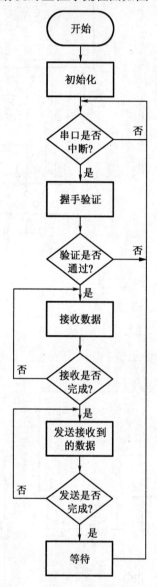

图 3-30 基于单片机的串行通信发射机系统主程序流程图

2. 主要程序代码

串行口通信程序:

/ *

发送数据子函数

* */

```
void txdata(unsigned char dat)
{
    SBUF = dat; //发送数据
    while (! TI)
        ;
    //等待数据发送完中断
    TI = 0; //清中断标志
}
/* * * * * * * * * * * * * * * * * * * * * * * * * * * * * * * * * *
接收数据子函数
 * * * * * * * * * * * * * * * * * * * * * * * * * * * * * * * * * */
unsigned char rxdata( )
{
    unsigned char dat;
    while (! RI)
        ;
    //等待数据接收完
    dat = SBUF; //接收数据
    RI = 0; //清中断标志
    return (dat);
}
/* * * * * * * * * * * * * * * * * * * * * * * * * * * * * * * * * *
传送字符串函数
/* * * * * * * * * * * * * * * * * * * * * * * * * * * * * * * * * */
void send_str(unsigned char str[ ])
{
    unsigned char i = 0;
    while (str[i] ! = '\0')
    {
        SBUF = str[i + +];
        while (! TI)
            ;
        //等待数据传送完毕
        TI = 0; //清中断标志
    }
}
```

```
/ * * * * * * * * * * * * * * * * * * * * * * * * * * * * * * * *
主函数
* * * * * * * * * * * * * * * * * * * * * * * * * * * * * * * * */
void main(void)
{
    unsigned char buff;
    P0 = 0xff;
    P2 = 0xff;
    SCON = 0x50;  //设定串口工作方式1,接收使能
    PCON = 0x00;  //波特率不倍增
    TMOD = 0x20;  //定时器1工作于8位自动重载模式,用于产生波特率
    EA = 1;
    TL1 = 0xfd;
    TH1 = 0xfd;  //波特率9 600
    TR1 = 1;
    delayms(100);
    send_str(str1);  //发送英文字符串
    delayms(1000);
    send_str(str2);  //发送中文字符串
    delayms(1000);
    txdata('O');
    txdata('K');
    txdata('\n');  //换行
    delayms(1000);
    while (1)
    {
        buff = rxdata();  //接收数据
        txdata(buff);      //发送数据
    }
}
```

3.11　基于单片机的智能循迹避障小车设计

3.11.1　设计要求

设计一个基于直流电机的自动循迹避障小车,使小车能够自动检测地面黑色轨迹和道路两侧的挡板(没有黑线时),并沿着黑色轨迹和挡板行驶。

3.11.2　设计方案

基于单片机的智能循迹避障小车系统主要由 AT89C52 单片机、复位电路、晶振电路、循迹模块、避障模块、电机驱动等组成。

基于单片机的智能循迹避障小车的系统设计框图如图 3 – 31 所示。

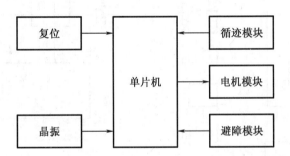

图 3 – 31　基于单片机的智能循迹避障小车系统设计框图

3.11.3　硬件设计

如果发射出去的红外线检测到两边都没有障碍物,继续匀速前进;如果发射出去的红外线检测到左侧有障碍物,那么右轮停止旋转,左轮继续旋转,0.2 s 之后右轮恢复旋转,小车继续匀速前进;如果发射出去的红外线检测到右侧有障碍物,那么左轮停止旋转,右轮继续旋转,0.2 s 之后左轮恢复旋转,小车继续匀速前进;如果发射出去的红外线检测到两边都有障碍物,那么两轮反向旋转 0.5 s 后,即小车后退 0.5 s 后,右轮停止旋转,左轮继续旋转,0.2 s 之后继续发射红外线。

基于单片机的智能循迹避障小车的总体电路图如图 3 – 32 所示。

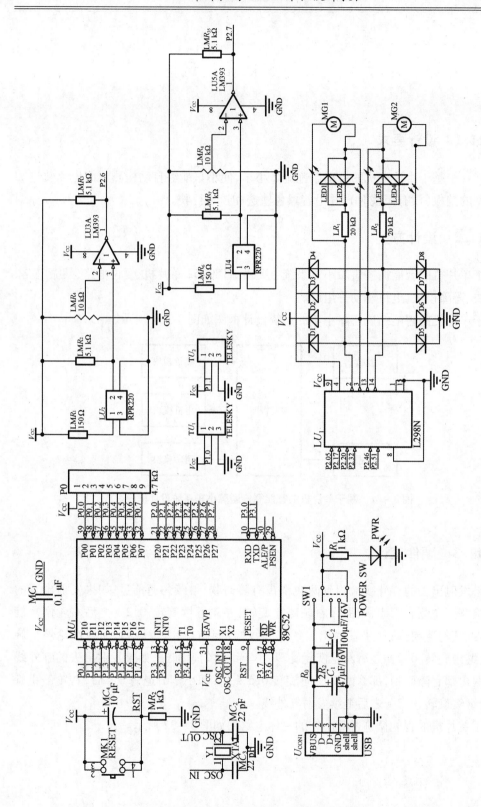

图3-32 基于单片机的智能循迹避障小车总体电路图

3.11.4　软件设计

1. 程序流程图

主程序模块首先进行初始化,然后驱动小车前进。当右/左检测到黑线时,右/左行进;当左/右检测到障碍时,左/右行进。使小车能够自动检测地面黑色轨迹和道路两侧的挡板(没有黑线时),并沿着黑色轨迹和挡板行驶。当红外线接收信号为 0 时,视其为遇到障碍;当遇到障碍时为了在转弯时不遇到障碍设置转弯时间为 0.2 s;当检测到左右两端的信号都为 0 时,为了避免车太接近障碍物而无法转弯,将小车倒退 0.5 s 后再右转再循环检测。

基于单片机的智能循迹避障小车的主程序流程图如图 3 – 33 所示。

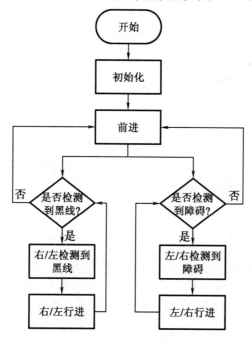

图 3 – 33　基于单片机的智能循迹避障小车主程序流程图

2. 主要程序代码

循迹避障程序如下:

```
// * * * * * * * * * *初始化定时器　中断* * * * * * * * * * * * //
void init( )
{
    TMOD = 0x01;
    TH0 = (65536 - 100)/256;
    TL0 = (65536 - 100)%256;
    EA = 1;
    ET0 = 1;
```

```
    TR0 = 1;
}
// * * * * * * * * * * *中断函数 + 脉宽调制 * * * * * * * * * * * *//
void timer0( ) interrupt 1
{
    if( t < zkb1)
        ENA = 1;
    else
        ENA = 0;
    if( t < zkb2)
        ENB = 1;
    else
        ENB = 0;
        t + + ;
    if( t > = 50)
        { t = 0; }
}
// * * * * * * * * * * * * * *直行 * * * * * * * * * * * * * * * *//
void qianjin( )
{
    zkb1 = 50;
    zkb2 = 50;
}
// * * * * * * * * * * * * *左转函数 1 * * * * * * * * * * * * * *//
void turn_left1( )
{
    zkb1 = 0;
    zkb2 = 50;
}
// * * * * * * * * * * * * *左转函数 2 * * * * * * * * * * * * * *//
void turn_left2( )
{
    zkb1 = 0;
    zkb2 = 50;
}
    // * * * * * * * * * * * *右转函数 1 * * * * * * * * * * * * *//
void turn_right1( )
```

```
    {
        zkb1 = 50;
        zkb2 = 0;
    }
// * * * * * * * * * * * *右转函数2 * * * * * * * * * * * * *//
void turn_right2( )
    {
        zkb1 = 50;
        zkb2 = 0;
    }
// * * * * * * * * * * * * *循迹函数 * * * * * * * * * * * * * * * *//
void xunji( )
    {
        uchar flag;
            if( ( RSEN2 = = 1) && ( RSEN1 = = 0) && ( LSEN1 = = 0) && ( LSEN2 = = 1) )
                { flag = 0; }
            // * * * * * * *直行 * * * * * * * *//
            else if( ( RSEN2 = = 1) && ( RSEN1 = = 1) && ( LSEN1 = = 0) && ( LSEN2 = = 1) )
                { flag = 1; }
            // * * *左偏1,右转 * * *//
            else if( ( RSEN2 = = 1) && ( RSEN1 = = 0) && ( LSEN1 = = 1) && ( LSEN2 = = 1) )
                { flag = 2; }
            // * * *右偏1,左转 * * *//
            else if( ( RSEN2 = = 0) && ( RSEN1 = = 0) && ( LSEN1 = = 0) && ( LSEN2 = = 1) )
                { flag = 3; }
            // * * *右偏2,左转 * * *//
            else if( ( RSEN2 = = 1) && ( RSEN1 = = 0) && ( LSEN1 = = 0) && ( LSEN2 = = 0) )
                { flag = 4; }
            // * * *左偏2,右转 * * *//
            switch (flag)
                {
                case 0: qianjin( );
                        break;
                case 1: turn_right1( );
                        break;
                case 2: turn_left1( );
                        break;
```

```
        case 3：turn_left2（）;
             break;
        case 4：turn_right2（）;
             break;
        default：break;
          }
    }
//＊＊＊＊＊＊＊＊＊＊＊＊＊主程序＊＊＊＊＊＊＊＊＊＊＊＊＊＊//
void main（）
{
   init（）;
     zkb1 = 50;
     zkb2 = 50;
     while（1）
       {
     //＊＊＊＊＊＊给电机加电启动＊＊＊＊＊//
     IN1 = 1;
     IN2 = 0;
     IN3 = 1;
     IN4 = 0;
     ENA = 1;
     ENB = 1;
     while（1）
       {
       xunji（）; //＊＊＊＊＊＊＊＊＊循迹＊＊＊＊＊＊＊＊＊＊//
       }
     }
}
```

3.12　数控直流稳压电源的设计

3.12.1　设计要求

（1）以 AT89C52 单片机作为系统核心，由 D/A 数字模拟转换模块、按键、LED 串口显示模块等模块组成一个数控电源；

（2）数控直流稳压电源的输出电压范围为 0～13 V，额定工作电流为 0.5 A，并具有

"＋""－"步进电压调节功能,其最小步进为 0.05 V,纹波不大于 10 mV。

3.12.2　设计方案

数控直流稳压电源系统主要由单片机微控制器模块、电压调整及过流保护模块、显示模块、键盘模块、电压测量电路等构成。以单片机 AT89C52 为核心,输出电流经 D/A 转换,比较放大后得到合适的电压值,经电压调整后输出 U_o,对 U_o 采样,经 A/D 转换送回到单片机与设定值比较,自动调整以实现闭环控制。

数控直流稳压电源的系统设计框图如图 3 – 34 所示。

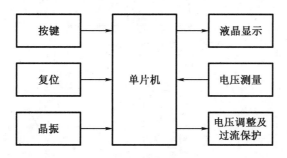

图 3 – 34　数控直流稳压电源系统设计框图

3.12.3　硬件设计

该系统使用 LCD1602 液晶显示屏,可以清晰地分别显示电路的十位、个位、小数点位,同时还能显示英文名称和电压/电流单位。采用双220 V/18 V变压器,将 220 V 市电经桥式整流、滤波后得 ＋21 V 和 －21 V 电压值,再经过三端稳压芯片得到需要的 ＋15 V、－15 V 和 ＋5 V,为系统提供电源支持。以单片机 AT89C52 为核心,输出电流经 A/D 转换,比较放大后得到合适的电压值,经电压调整后输出 U_o,对 U_o 采样,经 A/D 转换送回到单片机与设定值比较,自动调整以实现闭环控制。

数控直流稳压电源的总体电路图如图 3 – 35 所示。

3.12.4　软件设计

1. 程序流程图

系统的核心部分是对输出精度的闭环控制。对输出电压值采样,通过 A/D 转换通道送入单片机,与输出值进行比较,若误差不在规定范围内,就调整 STC89C52 的输出值,直到满足要求。

数控直流稳压电源的主程序流程图如图 3 – 36 所示。

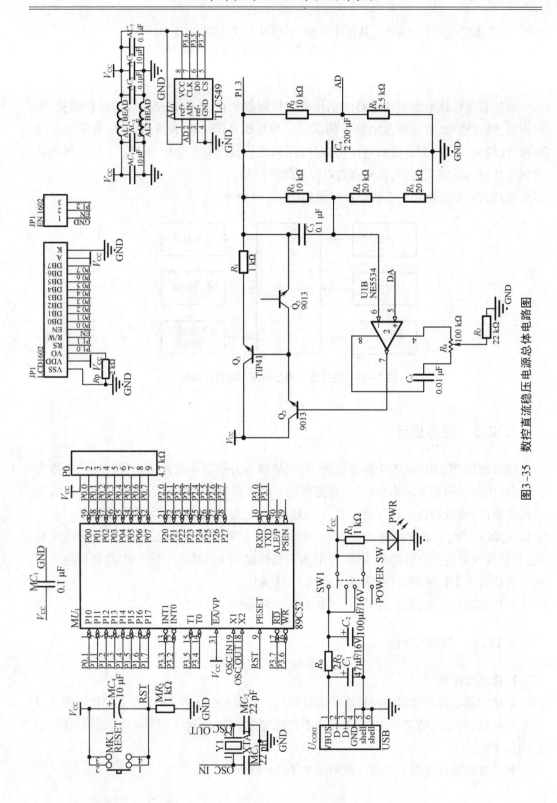

图3-35 数控直流稳压电源总体电路图

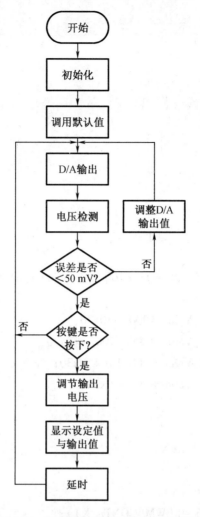

图 3 - 36　数控直流稳压电源主程序流程图

2. 主要程序代码

主要程序如下:

```
#define PWM_CONT 1000
/ * * * * * * * * * * * * * * * * * * * * * * * * * * * * * * * * * * *
A/D 初始化及转换
* * * * * * * * * * * * * * * * * * * * * * * * * * * * * * * * * * * /
unsigned int TLC549_ADC( void)
{
    unsigned char i, tmp;
    unsigned int V_Value = 0;
    CS1  = 1;
    CLK1 = 0;
    CS1  = 0;
```

```
    _nop_();
    for(i =0;i <8;i + +)
    {
        tmp < < =1;
        tmp| = DO1;
        CLK1 =1;
        _nop_();
        CLK1 =0;
    }
    CS1 =1;
    for(i =17;i! =0;i - -)_nop_();
//V_Value = tmp;
    V_Value = tmp * 5.0/256 * 11 * 100;//   uchar LCD_Buff1[] = {"V:00.00V I:
0.00A"};
    LCD_Buff1[2] = V_Value/1000 + 0x30;
    LCD_Buff1[3] = V_Value%1000/100 + 0x30;
    LCD_Buff1[5] = V_Value%100/10 + 0x30;
    LCD_Buff1[6] = V_Value%10 + 0x30;
    return(V_Value);
}
void Set_PWM(unsigned int X)
{
    TCONT_H = (65536 - X);
    TCONT_L = (65536 - (PWM_CONT - X));
}
void Set_V(unsigned int V)
{
    unsigned x;
    unsigned int temp;
    if(V > = 9990)I =9990;//2640
    if(V < =10)I =10;
    temp = (unsigned int)((float)V/10 * 0.991 + 17.32);
    LCD_Buff1[11] = temp/100 + 0x30;
    LCD_Buff1[13] = temp%100/10 + 0x30;
    LCD_Buff1[14] = temp%10 + 0x30;
    x = V/10;
    Set_PWM(x);
}
/ * * * * * * * * * * * * * * * * * * * * * * * * * * * * * * * * * * * * * * /
```

```
void main(void)
{
  unsigned int AD_V;

  lcd_init();
  lcd_pos(0,1);
  wr_string(S_init,0);

  PWM_OUT = 1;
  Set_I(I_Value);
  TMOD = 0x01;
  TH0 = TCONT_H/256;
  TL0 = TCONT_H%256;
  ET0 = 1;
  EA = 1;  //总中断允许
  TR0 = 1;
  lcd_pos(0,1);
  wr_string(LCD_Buff0,0);
  lcd_pos(0,2);
  wr_string(LCD_Buff1,0);
  while(1)
  {
      if((KEY0 = = 0)&&(KEY0_FLAG = = 1))
      {
        I_FLAG = 1;
        I_Value + = 100;
          if(I_Value > = 9900)
            I_Value = 9900;
      }
      KEY0_FLAG = KEY0;
      if((KEY1 = = 0)&&(KEY1_FLAG = = 1))
      {
        I_FLAG = 1;
        I_Value - = 10;
          if(I_Value < = 10)
            I_Value = 10;
      }
      KEY1_FLAG = KEY1;
      AD_V = TLC549_ADC();
```

```
            lcd_pos(0,2);
            wr_string(LCD_Buff1,0);
            if(I_FLAG = = 1)
               {
                 Set_I(I_Value);
                 I_FLAG = 0;
               }
            delayms(340);
          }
     }
/* * * * * * * * * * * * * * * * * * * * * * * * * * * * *
定时器 0 中断服务程序   (频率)
 * * * * * * * * * * * * * * * * * * * * * * * * * * * * * */
void timer0( ) interrupt 1
{
   static unsigned char FLAG;
       FLAG + +;
   if(FLAG%2 = = 0)
     {
       TH0 = TCONT_H/256;   //1 ms 延时常数
       TL0 = TCONT_H%256;   //频率调节
     }
   else
     {
       TH0 = TCONT_L/256;   //1 ms 延时常数
       TL0 = TCONT_L%256;   //频率调节
     }
   PWM_OUT = ! PWM_OUT;   //启动输出
}
/* * * * * * * * * * * * * * * * * * * * * * * * * * * * * * */
```

3.13   基于单片机简易频率计的设计

3.13.1   设计要求

(1)能测量正弦波和方波,测量范围为 10 Hz ~ 100 kHz;

(2)数码显示共 3 位,其中 1 位小数,自动换挡,有一个指示灯亮,表示单位是 Hz

(00 ~ 999 Hz),另一个灯亮,表示单位是 kHz(0.0 ~ 99.9 kHz);

（3）要有输入信号超范围的保护电路。

3.13.2　设计方案

基于单片机简易频率计主要由单片机、复位电路、晶振电路、显示电路以及放大整形组成。以单片机为核心,利用单片机的计数定时功能来实现频率的计数,并且利用单片机的动态扫描把测出的数据送到数字显示电路显示。

基于单片机简易频率计的系统设计框图如图 3 - 37 所示。

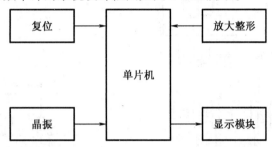

图 3 - 37　基于单片机简易频率计系统设计框图

3.13.3　硬件设计

频率计可以对脉冲信号个数进行统计。根据这一简单原理,利用单片机片内的两个定时器/计数器 T0T1 实现对输入信号的频率计数。具体过程如下。

先利用定时器 T1 定时 1 s,但由于单片机的最大技术范围为 65 536,因此,可先使用 T1 定时 100 ms,定时 10 个周期,从而达到定时 1 s 的目的。在定时器 T1 定时的同时,将单片机内的另一个定时/计数器置为十六位计数功能,对输入信号进行计数。当频率计数值超过 65 536 时,计数器会溢出。此时便需要通过软件编程对计数数据进行数据处理,从而实现对输入信号频率的无差错计数。

基于单片机简易频率计的总体电路图如图 3 - 38 所示。

3.13.4　软件设计

1. 程序流程图

本设计利用单片机的内部定时器溢出产生中断来实现定时。待测信号由单片机的 T1 中断来间接测量。定时/计数器 T0 定时 2.5 ms 中断,并对中断次数进行计数,当 2.5 ms 中断次数计到 40 次即 0.1 s 时,查看定时/计数器 T1 上所记的数值,经过计算的待测信号的频率值放入显示缓冲区,由数码管进行显示。

基于单片机简易频率计的主程序流程图如图 3 - 39 所示。

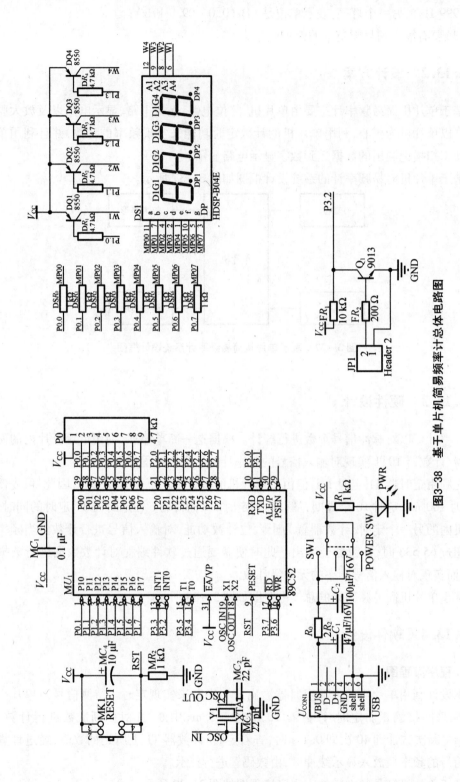

图3-38 基于单片机简易频率计总体电路图

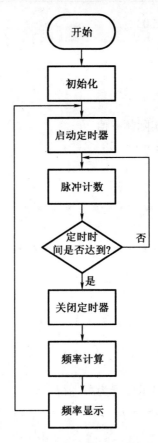

图 3 − 39 基于单片机简易频率计主程序流程图

2. 主要程序代码

基于单片机简易频率计的程序如下：

```
/ * * * * * * * * * * * * * * * * * * * * * * * * * * * * * * *
显示函数
 * * * * * * * * * * * * * * * * * * * * * * * * * * * * * * * /
void play( )
{
  unsigned char n;
  for ( n = 0; n < = 4; n + + )
  //数据转换
  {
    display[ n ]  = temp % 10 +0x30;
    temp  = temp / 10;
  }
  display[ 5 ] = temp + 0x30;
  for ( n = 5; n > 0; n − − )
  //高位为"0"不显示
  {
```

```
      if (display[n] = = 0x30)
        display[n] = 0x20;
      else
        break;
    }
  lcd_pos(0x46); //显示实际频率值
  for (n = 5; n ! = 0xff; n - -)
    lcd_wdat(display[n]);
}
/* * * * * * * * * * * * * * * * * * * * * * * * * * * * * * *
主函数
* * * * * * * * * * * * * * * * * * * * * * * * * * * * * * */
void main( )
{
  unsigned char m;
  unsigned long frq_num;
  P3 = 0xff;
  lcd_init( );
  lcd_pos(0x00); //设置显示位置为第一行
  for (m = 0; m < 16; m + +)
    lcd_wdat(cdis1[m]);
  //显示字符
  lcd_pos(0x40); //设置显示位置为第二行
  for (m = 0; m < 16; m + +)
    lcd_wdat(cdis2[m]);
  //显示字符
  TMOD = 0x51; //定时器 T0 工作在定时方式
  //定时器 T1 工作在计数方式
  TH0 = 0x4c; //50 ms 定时
  TL0 = 0x00;
  TH1 = 0x00; //计数初值
  TL1 = 0x00;
  ET0 = 1; //使能 TIMER0 中断
  ET1 = 1; //使能 TIMER1 中断
  EA = 1; //允许中断
  PT1 = 1; //定义 TIMER1 中断优先
  TR0 = 1;
  TR1 = 1;
  while (1)
  {
    if (sec)
```

```
    {
        Hdata = TH1; //取计数值
        Ldata = TL1;
        frq_num = ((Count * 65535 + Hdata * 256 + Ldata) * 108 / 100);
        TH1 = 0;
        TL1 = 0;
        sec = 0;
        Count = 0;
        TR1 = 1;
        TR0 = 1;
    }
    temp = frq_num;
    play();
  }
}
/ * * * * * * * * * * * * * * * * * * * * * * * * * * * * * * * * * *
Time0 中断函数
 * * * * * * * * * * * * * * * * * * * * * * * * * * * * * * * * * * */
void Time0() interrupt 1
{
  TH0 = 0x4c; //50 ms 定时
  TL0 = 0x00;
  msec ++;
  if (msec == 20)
  //50 * 20 = 1S
  {
    TR0 = 0; //关闭 TIMER0
    TR1 = 0; //关闭 TIMER1
    msec = 0;
    sec = 1; //置秒标记位
  }
}
/ * * * * * * * * * * * * * * * * * * * * * * * * * * * * * * * * * *
Time1 中断函数
 * * * * * * * * * * * * * * * * * * * * * * * * * * * * * * * * * * */
void Time1() interrupt 3
{
  Count ++;
}
```

3.14 基于单片机多模式带音乐跑马灯的设计

3.14.1 设计要求

(1)采用 8 个发光二极管跑马灯,其中跑马灯有 8 种模式;

(2)有专门的键盘用以切换跑马灯的模式,并且对于任何一种跑马灯模式都可以对亮灯速度进行控制;

(3)每一种跑马灯模式用 LED 数码管进行显示;

(4)跑马灯处于一种模式时,伴随的音乐响起,音乐至少有 3 首,并可以对其进行切换。

3.14.2 设计方案

基于单片机多模式带音乐跑马灯系统主要由单片机、按键电路、复位电路、晶振电路、LED 阵列、16 个发光二极管的跑马灯电路组成。

基于单片机多模式带音乐跑马灯的系统设计框图如图 3-40 所示。

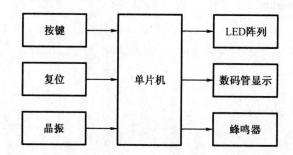

图 3-40 基于单片机多模式带音乐跑马灯系统设计框图

3.14.3 硬件设计

基于单片机多模式带音乐跑马灯系统采用 AT89C52 单片机的 P1,P0 口分别控制 8 个跑马灯,而 P3 与 LED 数码管相连,音乐采用蜂鸣器通过 P2.6 接模式切换按键,P2.4 和 P2.5 分别接跑马灯加速和减速按键,在音乐播放时加速与减速按键可以控制音乐的切换。

基于单片机多模式带音乐跑马灯的总体电路图如图 3-41 所示。

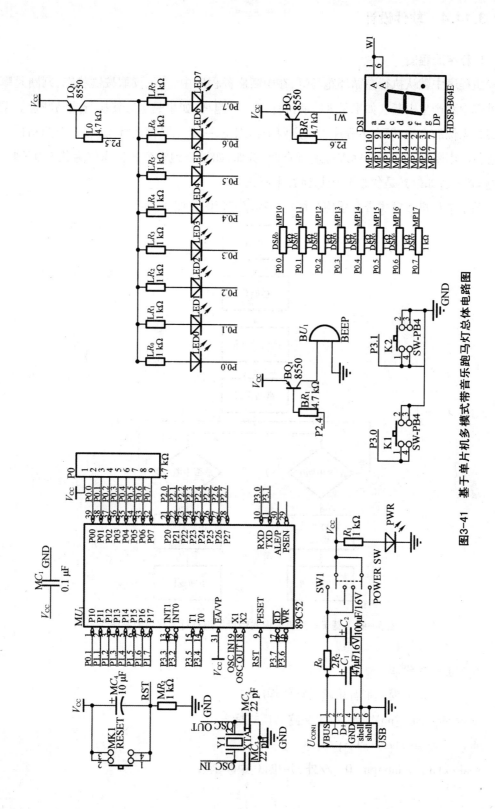

图3-41　基于单片机多模式带音乐跑马灯总体电路图

3.14.4 软件设计

1. 程序流程图

主程序中默认执行左循环跑马灯,在中断服务程序中,首先读取按键状态,判断是哪个外部中断产生中断。如果是 K1,就执行下一个跑马;如果是 K2,就执行跑马减速。采用置标志位的方法,即在主程序中设定两个标志位,一个跑马模式标志位,一个跑马速度标志位。不断地对这两个标志位进行查询,例如,如果是跑马模式标志位为状态 0,则切换跑马模式;如果其是状态 1,则切换音乐模式。

基于单片机多模式带音乐跑马灯的主程序流程图如图 3 - 42 所示。

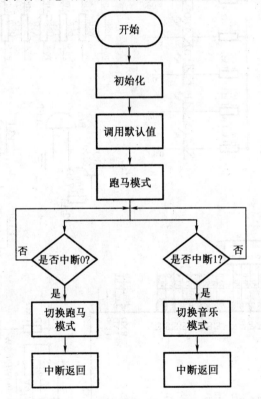

图 3 - 42 基于单片机多模式带音乐跑马灯主程序流程图

2. 主要程序代码

基于单片机多模式带音乐跑马灯的程序如下:

```
unsigned char RunMode; //定义跑马模式标志
sbit        speaker = P1^5;
void ex1int( ) interrupt 0   //外部中断 0 中断函数
{
    RunMode + + ;
```

```
    il = 0;
    RunMode = RunMode%8;
    Display(RunMode);
    delay(1);
}
void ex2int() interrupt 2    //外部中断1中断函数
{
    SystemSpeedIndex + +;
    SystemSpeedIndex = SystemSpeedIndex%30;
    delay(1);


}


void t0int() interrupt 1    //定时器0中断函数,控制发音的音调
{
    TR0 = 0;    //先关闭T0
    speaker = ! speaker;    //输出方波,发音
    TH0 = timer0h;    //下次的中断时间,这个时间,控制音调高低
    TL0 = timer0l;
    TR0 = 1;    //启动T0
void song()    //演奏一个音符
{
    TH0 = timer0h;    //控制音调
    TL0 = timer0l;
    TR0 = 1;    //启动T0,由T0输出方波去发音
    delay(time);    //控制时间长度
}
/ * * * * * * * * * * * * * * * * * * * * * * * * * * * * SystemFuction
 * * * * * * * * * * * * * * * * * * * * * * * * * * * * * * * * * * * * * * /
void Delay1ms(unsigned int count)
{
    unsigned int i,j;
    for(i = 0;i < count;i + +)
    for(j = 0;j < 120;j + +);
}
```

```
void LEDFlash(unsigned char Count)
{
    unsigned char i;
    bit Flag;
    for(i = 0; i < Count; i + +)
    {
        Flag = ! Flag;
        if(Flag)
        Display(RunMode);
        else
        Display(0x10);
        Delay1ms(100);
    }
    Display(RunMode);
}
void InitialTimer(void)
{
    TMOD = 0x11;    //定时器0,1 工作于方式1
    TH0 = 0xee;     //重装值,初始值
    TL0 = 0x00;
    TH1 = 0XEE;
    TL1 = 0X00;
    ET0 = 1;   //定时器0 中断允许
    ET1 = 1;
    TR1 = 1;
    TR0 = 1;    //定时器0,1 启动
    EX0 = 1;
    EX1 = 1;
    IT0 = 0;
    IT1 = 0;
    EA  = 1;
}
unsigned int code SpeedCode[] = { 1, 2, 3, 5, 8, 10, 14, 17, 20, 30,
40, 50, 60, 70, 80, 90, 100, 120, 140, 160,
180, 200, 300, 400, 500, 600, 700, 800, 900,1000};//30
```

```c
void SetSpeed(unsigned char Speed)
{
  SystemSpeed = SpeedCode[Speed];
}
void LEDShow(unsigned char LEDStatus)
{
  P0 = ~LEDStatus;
}
void InitialCPU(void)
{
  RunMode = 0x00;
  Timer0Count = 0;
  SystemSpeedIndex = 9;
  P1 = 0x00;
  P0 = 0x00;
  P2 = 0xFF;
  P3 = 0x00;
  Delay1ms(500);
  P1 = 0xFF;
  P0 = 0xFF;
  P2 = 0xFF;
  P3 = 0xFF;
  SetSpeed(SystemSpeedIndex);   //设定流水灯速度
  Display(RunMode);   // 数码管初始化为 0
}//Mode 0
unsigned char LEDIndex = 0;
bit LEDDirection = 1,LEDFlag = 1;
void Mode_0(void)   //一个灯左循环
{
  LEDShow(0x01 << LEDIndex);
  LEDIndex = (LEDIndex + 1)%8;
}
//Mode 1
void Mode_1(void)   //两个灯左循环
{
```

```
    LEDShow(0x03 < <LEDIndex);
    LEDIndex = (LEDIndex +1)%8;
}
//Mode 2
void Mode_2(void)    //三个灯左循环
{
    LEDShow(0x07 < <LEDIndex);
    LEDIndex = (LEDIndex +1)%8;
}
//Mode 3
void Mode_3(void)    //四个灯左循环
{
    LEDShow(0x0f < <LEDIndex);
    LEDIndex = (LEDIndex +1)%8;
}
//Mode 4
void Mode_4(void)        //一个灯来回循环
{
    if(LEDDirection)
        LEDShow(0x01 < <LEDIndex);
    else
        LEDShow(0x80 > >LEDIndex);
    if(LEDIndex = =7)
        LEDDirection = ! LEDDirection;
    LEDIndex = (LEDIndex +1)%8;
}
//Mode 5
void Mode_5(void)    //两个灯来回循环
{
    if(LEDDirection)
        LEDShow(0x03 < <LEDIndex);
    else
        LEDShow(0xc0 > >LEDIndex);
    if(LEDIndex = =6)
        LEDDirection = ! LEDDirection;
```

```
      LEDIndex = (LEDIndex + 1)%8;
}
//Mode 6
void Mode_6(void)
{
    if(LEDDirection)
      LEDShow( ~ (0x0F < < LEDIndex));
    else
      LEDShow( ~ (0xF0 > > LEDIndex));
    if(LEDIndex = = 8)
      LEDDirection = ! LEDDirection;
    LEDIndex = (LEDIndex + 1)%8;
}
//Mode 7
void Mode_7(void)
{
    if(LEDDirection)
      LEDShow(0x3F < < LEDIndex);
    else
      LEDShow(0xFC > > LEDIndex);
    if(LEDIndex = = 9)
      LEDDirection = ! LEDDirection;
    LEDIndex = (LEDIndex + 1)%10;
}
//Mode 8
void Mode_8(void)
{
    LEDShow( + + LEDIndex);
}
void Timer0EventRun(void)
{
    if(RunMode = = 0x00)
    {
      Mode_0();
    }
```

```
    else if( RunMode  = =0x01)
    {
      Mode_1( );
    }
    else if( RunMode  = =0x02)
    {
      Mode_2( );
    }
    else if( RunMode  = =0x03)
    {
      Mode_3( );
    }
    else if( RunMode  = =0x04)
    {
      Mode_4( );
    }
    else if( RunMode  = =0x05)
    {
      Mode_5( );
    }
    else if( RunMode  = =0x06)
    {
      Mode_6( );
    }
    else if( RunMode  = =0x07)
    {
      Mode_7( );
    }
    else if( RunMode  = =0x08)
    {
      Mode_8( );
    }
}
void T1_int( void) interrupt 3
{
```

```
    TH1 = 0XEE；
    TL1 = 0X00；
     SystemSpeed－－；
    if( SystemSpeed <=0)
    {
       Timer0EventRun( )；
       SetSpeed( SystemSpeedIndex)；
    }
}
void sound( )
{

        while( 1)
        {

            unsigned char k；
             i1 =0；
            while( i1 <100)   //音乐数组长度,唱完从头再来
            {

               k = sszymmh[ RunMode%4][ i1] +7 * sszymmh[ RunMode%4][ i1 +1] -1；
                //第 i 个是音符, 第 i +1 个是第几个八度
               time = sszymmh[ RunMode%4][ i1 +2]；   //读出时间长度数值
               timer0h = FREQH[ k]；  //从数据表中读出频率数值
               timer0l = FREQL[ k]；  //实际上,是定时的时间长度
               i1 = i1 +3；
               song( )；  //发出一个音符
            }
        }
}
/ * * * * * * * * * * * * * * * * * * * * * * * * * * * * * * * * * */
main( )
{

   InitialCPU( )；
   InitialTimer( )；//初始化定时器 2
   sound( )；

}
```

3.15　基于单片机多音阶电子琴的设计

3.15.1　设计要求

(1)要有至少 16 个琴键,发出 1~7 音符及高 8 度的音符,按 C 调进行设计;

(2)显示当前的频率值和音符;

(3)记录弹奏的时间,断电可存储;

(4)声音无明显失真。

3.15.2　设计方案

多音阶电子琴的设计以 AT89C52 单片机为主控芯片,使用 4×4 按键矩阵电路、功率放大电路、扬声器等各功能电路协调工作。多音阶电子琴的主电路主要由 4×4 按键矩阵电路、功率放大电路、扬声器、复位电路、晶振电路、电源电路等几部分组成。

基于单片机多音阶电子琴的系统设计框图如图 3-43 所示。

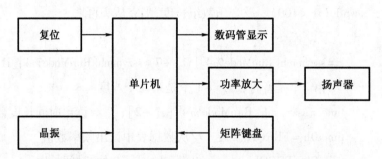

图 3-43　基于单片机多音阶电子琴系统设计框图

3.15.3　硬件设计

把单片机的 P1.0 端口的输出作为音频放大电路中的输入;把单片机的 P3.0~P3.7 端口分别作为 4×4 按键矩阵电路的行扫描和列扫描。

基于单片机多音阶电子琴的总体电路图如图 3-44 所示。

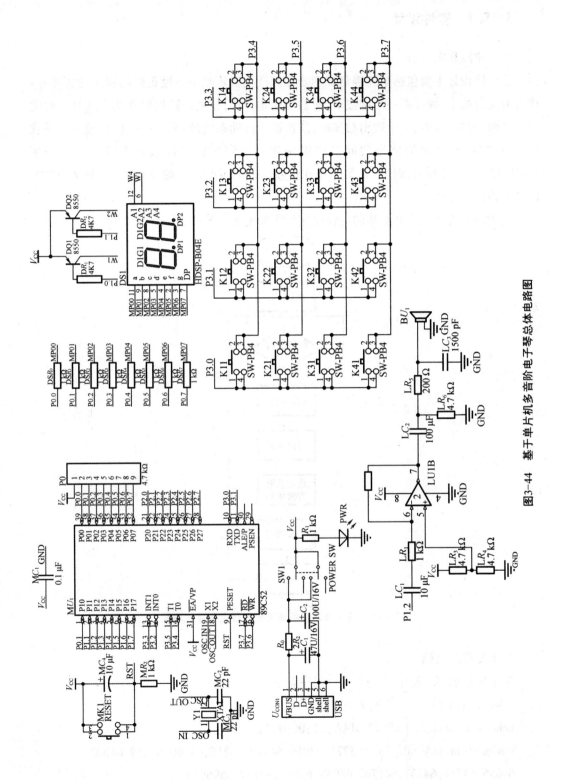

图3-44　基于单片机多音阶电子琴总体电路图

3.15.4 软件设计

1. 程序流程图

主程序设计主要包括矩阵键盘识别处理和产生音乐频率。键盘处理程序的任务是：确定有无键按下，判断哪一个键按下，键的功能是什么，还要消除按键在闭合或断开时的抖动。两个并行口中，一个输出扫描码，使按键逐行动态接地；另一个并行口输入按键状态，由行扫描值和回馈信号共同形成键编码而识别按键。音乐频率的产生是利用 AT89C52 单片机内部计时器，让其工作在计数模式 MODE1 下，改变计数值 TH0 和 TL0，以产生不同的频率。

基于单片机多音阶电子琴的主程序流程图如图 3－45 所示。

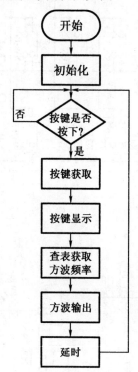

图 3－45　基于单片机多音阶电子琴主程序流程图

2. 主要程序代码

基于单片机多音阶电子琴的部分程序如下：

```
uchar code table1[ ] = " P:000HZ";
uchar code table2[ ] = " AN JIAN:0T:00:00";
unsigned int code tab[ ] = {63777,63969,64140,64216,64360,64489,64603,
64655,64751,64837,64876, 64948,65012,63777,65969};
void Pinlv_ad( uchar add,uchar table[3])
{
```

```
          write_com(0x80 + add);
          for(i = 0;i < 3;i + +)
          {
           write_date(table[i]);
           delay(2);
          }
}
void   key_ad(uchar add,uchar dat)
{


     write_com(0x80 + 0x40 + add);
     if( num < 10)
     write_date(0x30 + dat);
}
void key_af(uchar add,uchar dat)
{
        write_com(0x80 + 0x40 + add);
        write_date(0x40 + 1 + dat);
}
void Timer(uchar add,uchar dat)
{
        uchar shi,ge;
        shi = dat/10;
        ge = dat%10;
        write_com(0x80 + 0x40 + add);
        write_date(0x30 + shi);
        write_date(0x30 + ge);
}
uchar keyscan( )
{
  P2 = 0xfe;
  temp = P2;
  temp = temp&0xf0;
  while(temp!   = 0xf0)
  {
      delay1( );
      temp = P2;
```

```
    temp = temp&0xf0;
    while(temp! = 0xf0)
    {
        temp = P2;
        switch(temp)
        {
            case 0xee:num = 1;
            break;
            case 0xde:num = 2;
            break;
            case 0xbe:num = 3;
            break;
            case 0x7e:num = 4;
            break;
        }
        temp = P2;
        P1_0 = ~ P1_0;
        STH0 = tab[num]/256;
        STL0 = tab[num]%256;
        TR0 = 1;
        temp = temp & 0x0f;
        while(temp! = 0xf0)
        {
            temp = P2;
            temp = temp&0xf0;
        }
            TR0 = 0;
    }
}
P2 = 0xfd;
temp = P2;
temp = temp&0xf0;
while(temp! = 0xf0)
{
    delay1();
    temp = P2;
    temp = temp&0xf0;
```

```
  while(temp! =0xf0)
   {
     temp = P2;
     switch(temp)
      {
        case 0xed:num =5;
        break;
        case 0xdd:num =6;
        break;
        case 0xbd:num =7;
        break;
        case 0x7d:num =8;
        break;
      }
        temp = P2;
        P1_0 = ~ P1_0;
        STH0 = tab[num]/256;
        STL0 = tab[num]%256;
        TR0 =1;
        temp = temp & 0x0f;
      while(temp! =0xf0)
       {
         temp = P2;
         temp = temp&0xf0;
       }
        TR0 =0;
    }
 }
P2 =0xfb;
temp = P2;
temp = temp&0xf0;
while(temp! =0xf0)
 {
   delay1();
   temp = P2;
   temp = temp&0xf0;
   while(temp! =0xf0)
```

```
        {
            temp = P2;
            switch(temp)
            {
                case 0xeb:num = 9;
                break;
                case 0xdb:num = 10;
                break;
                case 0xbb:num = 11;
                break;
                case 0x7b:num = 12;
                break;
            }

            temp = P2;
            P1_0 = ~ P1_0;
            STH0 = tab[num]/256;
            STL0 = tab[num]%256;
            TR0 = 1;
            temp = temp & 0x0f;
        while(temp!  = 0xf0)
            {
                temp = P2;
                temp = temp&0xf0;
            }
            TR0 = 0;
        }
    }
    P2 = 0xf7;
    temp = P2;
    temp = temp&0xf0;
    while(temp!  = 0xf0)
    {
delay1();
temp = P2;
temp = temp&0xf0;
while(temp!  = 0xf0)
{
```

```
            temp = P2;
            switch(temp)
            {
                case 0xe7:num = 13;
                break;
                case 0xd7:num = 14;
                break;
                case 0xb7:num = 15;
                break;
                case 0x77:num = 16;
                break;
            }
            temp = P2;
            P1_0 = ~ P1_0;
            STH0 = tab[num]/256;
            STL0 = tab[num]%256;
            TR0 = 1;
            temp = temp & 0x0f;
        while(temp!   = 0xf0)
        {
            temp = P2;
            temp = temp&0xf0;
        }
            TR0 = 0;
        }
        }
        return num;
}
    void init( )
    {
        TMOD = 0x01;
              EA = 1;
              ET0 = 1;
              scl = 1;
              sda = 1;
        lcden = 0;
        write_com(0x38);
```

```
        write_com(0x0c);
        write_com(0x06);
        write_com(0x01);
        write_com(0x80);
    }
void main()
{
        init();
        for(i=0;i<7;i++)
        {
            write_date(table1[i]);
            delay(20);
        }
        write_com(0x80+0x40);
        for(j=0;j<16;j++)
        {
            write_date(table2[j]);
            delay(20);
        }
        write_com(0x80+7);
        while(1)
        {
            if(num>0)
            {
              t1();
              if(tt==3)
              {
                    tt=0;
                    PinlvAndkey();
                    times++;
                    if(times==60)
                {
                    times=0;
                    timef++;
                }
                    Timer(14,times);
                    if(timef==60)
```

```
            timef = 0;
            Timer(11,timef);
        }
    }
    PinlvAndkey();
}

void t0(void) interrupt 1
{
    TH0 = STH0;
    TL0 = STL0;
    P1_0 = ~P1_0;
}

void t1()
{
    tt + +;
    delay(20);
}

void PinlvAndkey()
{
    key_ad(8,keyscan());
        if(num = =10)
    key_af(8,0);
    if(num = =11)
    key_af(8,1);
    if(num = =12)
    key_af(8,2);
    if(num = =13)
    key_af(8,3);
    if(num = =14)
    key_af(8,4);
    if(num = =15)
    key_af(8,5);
    if(num = =16)
    key_af(8,6);
    if(num = =1)
    Pinlv_ad(2,"262");
```

```
    if( num = =2)
    Pinlv_ad(2,"294");
    if( num = =3)
    Pinlv_ad(2,"330");
    if( num = =4)
    Pinlv_ad(2,"349");
    if( num = =5)
    Pinlv_ad(2,"392");
    if( num = =6)
    Pinlv_ad(2,"440");
    if( num = =7)
    Pinlv_ad(2,"494");
  if( num = =8)
  Pinlv_ad(2,"523");
    if( num = =9)
    Pinlv_ad(2,"587");
    if( num = =10)
    Pinlv_ad(2,"659");
    if( num = =11)
    Pinlv_ad(2,"698");
    if( num = =12)
    Pinlv_ad(2,"748");
    if( num = =13)
    Pinlv_ad(2,"880");
    if( num = =14)
    Pinlv_ad(2,"932");
    if( num = =15)
    Pinlv_ad(2,"959");
    if( num = =16)
    Pinlv_ad(2,"988");
}
```

3.16　基于单片机简易计算器的设计

3.16.1　设计要求

（1）由于设计的计算器要进行四则运算，为了得到较好的显示效果，经综合分析后，最后采用 LCD 显示数据和结果；

（2）采用键盘输入方式，键盘包括数字键（0～9）、符号键（＋、－、×、÷）、清除键（on\c）和等号键（＝），故只需要 16 个按键即可；

（3）在执行过程中，开机显示 0，等待键入数值，当键入数字，通过 LCD 显示出来，当键入＋、－、×、÷ 运算符，计算器在内部执行数值转换和存储，并等待再次键入数值，当再键入数值后将显示键入的数值，按等号键就会在 LCD 上输出运算结果。

3.16.2　设计方案

基于单片机简易计算器系统主要由单片机主控电路、矩阵键盘电路、显示电路、复位电路和晶振电路等组成。以 AT89C52 单片机为核心，通过扫描键盘来得到数据；通过 CPU 将得到的数据按要求进行运算，并将运算结果送到显示电路进行显示。

基于单片机简易计算器的系统设计框图如图 3 – 46 所示。

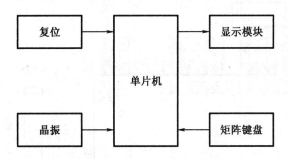

图 3 – 46　基于单片机简易计算器系统设计框图

3.16.3　硬件设计

用 7 段数码管作为显示器，显示电路采用两个 4 位的 7 段共阳极数码管构成 8 位显示，用 P2 口接数码管的位码。段码直接在 P1 口上用单片机驱动；键盘用单个按键自制一个 4×4 的键盘接在 P3 口上；复位电路采用经典的上电加按键复位。

基于单片机简易计算器的总体电路图如图 3 – 47 所示。

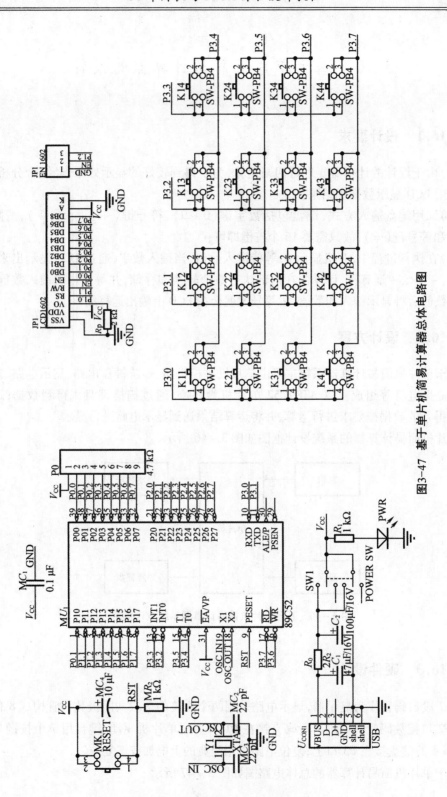

图3-47 基于单片机简易计算器总体电路图

3.16.4　软件设计

1. 程序流程图

　　主函数对单片机进行初始化,并不断调用数值按键函数和运算函数。显示函数采用 1 ms 定时中断来对显示数据进行实时更新。

　　基于单片机简易计算器的主程序流程图如图 3–48 所示。

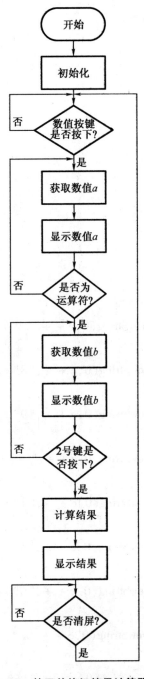

图 3 – 48　基于单片机简易计算器主程序流程图

2. 主要程序代码

基于单片机简易计算器源程序如下：

```
// - - - - - - - - - - - - - - - - - - - - - - - - - - - - - - - - - -
//键盘按键扫描
// - - - - - - - - - - - - - - - - - - - - - - - - - - - - - - - - - -
void keyboard()
{
    int16 h_code,l_code,key_code;
    P3 = 0xf0;
    h_code = P3;
    h_code = h_code&0xf0;
    delay_ms(200);
    P3 = 0x0f;
    l_code = P3;
    l_code = l_code&0x0f;
    delay_ms(200);
    key_code = h_code|l_code;
    if(key_code! = 0xFF)
    {
        switch(key_code)
        {
            case 0xee: LCD_ShowString(0,c + + ,"7");ckey = num[0];digit_c();
    break;   //输入字符7
            case 0xde: LCD_ShowString(0,c + + ,"8");ckey = num[1];digit_c();
    break;   //输入字符8
            case 0xbe: LCD_ShowString(0,c + + ,"9");ckey = num[2];digit_c();
    break;   //输入字符9
            case 0x7e: LCD_ShowString(0,c + + ," * ");flag = 1;f = 0; break;   //
    输入字符 *
            case 0xed: LCD_ShowString(0,c + + ,"4");ckey = num[4];digit_c();
    break;   //输入字符4
            case 0xdd: LCD_ShowString(0,c + + ,"5");ckey = num[5];digit_c();
    break;   //输入字符5 ;
            case 0xbd: LCD_ShowString(0,c + + ,"6");ckey = num[6];digit_c();
    break;   //输入字符6
            case 0x7d: LCD_ShowString(0,c + + ,"/");flag = 1;f = 1; break;   //
    输入字符/
            case 0xeb: LCD_ShowString(0,c + + ,"1");ckey = num[8];digit_c();
```

```
break;    //输入字符1
        case 0xdb: LCD_ShowString(0,c + + ,"2");ckey = num[9];digit_c();
break; //输入字符2
        case 0xbb: LCD_ShowString(0,c + + ,"3");ckey = num[10];digit_c();
break; //输入字符3
        case 0x7b: LCD_ShowString(0,c + + ," - ");flag = 1;f = 2; break;    //
输入字符 -
        case 0xe7: flag = 0;f = 4;digit_a();break;    //输入字符 c
        case 0xd7: LCD_ShowString(0,c + + ,"0");ckey = num[13];digit_c();
break;    //输入字符0
        case 0xb7: digit_a();break;    //输入字符 =
        case 0x77: LCD_ShowString(0,c + + ," + ");flag = 1;f = 3;    break;
//输入字符 +
        default :    break;
      }
    if(c > 15)
      {
        c = 0;
      }
    }
}
void digit_c( )//把输入的数存入到 a 和 b
{
    if(flag = = 0)
     {
      a = ckey + a * 10;
     }
    else
     {
        b = ckey + b * 10;
     }
}
// - - - - - - - - - - - - - - - - - - - - - - - - - - - - - - - - -
// 数据处理
// - - - - - - - - - - - - - - - - - - - - - - - - - - - - - - - - -
void digit_a( )    //加减乘除处理
{
    switch(f)
```

```
        {
            case 0: result = a * b;
                    digit_b( );
                    break;
            case 1: result = a/b;
                    digit_b( );
                    break;
            case 2: result = a - b;
                    digit_b( );
                    break;
            case 3: result = a + b;
                    digit_b( );
                    break;
            case 4: Initialize_LCD( );
                    break;
        default: break;
        }
}
void digit_b( )   //a 和 b 运算的结果在 1602 上显示
{
            int8 i = 0,j = 0,k;
            long r;
                r = result;
                while(0! = result)
        {
        result/ = 10;
        i + + ;
        }
        if( result = = 0)
        {
          write_cmd(0x80 + 0x4f);
          write_data(num1[0]);
        }
        for( ;j < i;j + + )
        {
            k = r/10;
            r% = 10;
            write_cmd(0x80 + 0x4f - j);
```

```
                write_data( num1[ r ] ) ;
                r = k ;
            }
        write_cmd( 0x80 + 0x4f - i - 1 ) ;
        write_data( ' = ' ) ;
}
// - - - - - - - - - - - - - - - - - - - - - - - - - - - - - - - -
// 主函数
// - - - - - - - - - - - - - - - - - - - - - - - - - - - - - - - -
void main( )
{
   Initialize_LCD( ) ;
   while( 1 )
   {
      keyboard( ) ;
   }
}
      delay( 2 ) ;
      P2 = 0x06 ;
      P0 = number[ SS1 ] ;
      delay( 2 ) ;
      P2 = 0x07 ;
      P0 = number[ ss ] ;
      if( P33 = = 0 )
      {
         TR0 = 0 ;
         while( 1 )
         {
         P3_3( ) ;
         if( P32 = = 0 )
         P3_2( ) ;
         }
      }
```

3.17　带时间与声光提示的单片机抢答器的设计

3.17.1　设计要求

(1)设计一个智力竞赛抢答器,可同时供 8 名选手或 8 个代表队参加比赛,编号为 1,2,3,4,5,6,7,8,各用一个按钮;

(2)给节目主持人设置 5 个控制开关,用来控制系统的清零和抢答的开始及各种时间的调节;

(3)抢答器具有数据锁存功能、显示功能和声光提示功能;

(4)主持人可以通过两个时间调节键来调节抢答时间限制和答题时间限制,需在主持人按下抢答开始键后方可开始,且各个环节有相应的时间限制;

(5)用 LED 组成的模拟数码管来显示数字。

3.17.2　设计方案

带时间与声光提示的单片机抢答器系统主要由 AT89C52 单片机、主持人按键、抢答器按键、声光提示、数码管显示、复位按键、晶振按键灯组成。抢答器的控制核心是 AT89C52 单片机,用查询式键盘进行抢答。通过抢答按键模块,连接按键进行抢答。

带时间与声光提示的单片机抢答器的系统设计框图如图 3 - 49 所示。

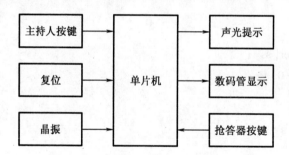

图 3 - 49　带时间与声光提示的单片机抢答器系统设计框图

3.17.3　硬件设计

抢答器的控制核心是 AT89C52 单片机,用查询式键盘进行抢答。通过抢答按键模块,连接按键进行抢答。按下开始按钮,此时进入抢答状态,选手的输入采用扫描式的输入,之后相关的信息由单片机处理,送到显示部分显示。此时如果有人第一个按下相应的按键,经过单片机的处理选择,显示相应的号码并锁存,不再响应其他按键输入。主持人系统有开始按键、限时开始按键、抢答时间调节按键、限时时间调节按键。选手系统有抢答按钮、计时显示、声光提示等。

带时间与声光提示的单片机抢答器的总体电路图如图 3 - 50 所示。

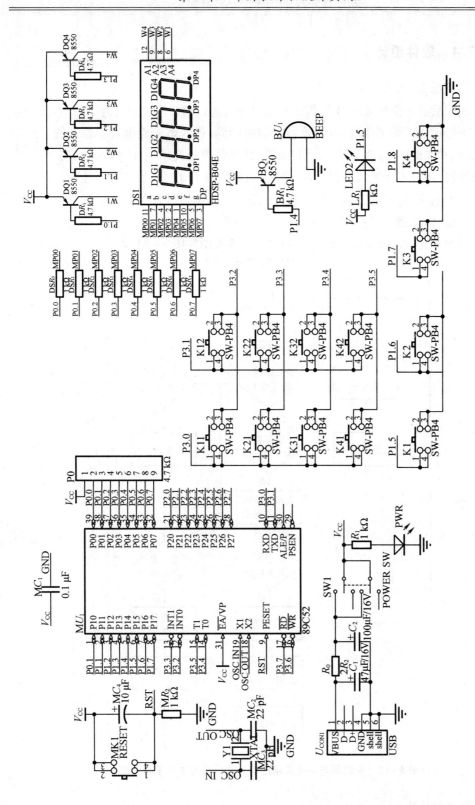

图3-50　带时间与声光提示的单片机抢答器总体电路图

3.17.4 软件设计

1. 程序流程图

上电复位后显示模块显示"F",程序开始对系统进行初始化。开始抢答后,若没有选手按动抢答按钮则开始倒计时,直到抢答限制时间到,进入下一轮抢答。若有选手按动抢答按钮,编号立即锁存,并显示选手的编号,且伴随声音提示。在开始键没按下时,有人按了抢答器,则该人违规,数码管显示号码,与此同时 LED 亮,表示有人违规。其他人再按下时则不响应,优先响应第一个。有人违规及有人抢答时会发出"嘟"的一声。当抢答时间或答题时间快到时会响 3 下。

带时间与声光提示的单片机抢答器的主程序流程图如图 3 – 51 所示。

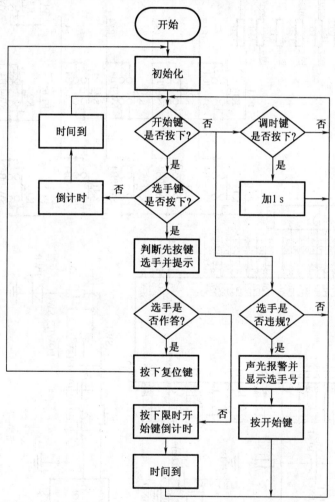

图 3 –51　带时间与声光提示的单片机抢答器主程序流程图

2. 主要程序代码

带时间与声光提示的单片机抢答器源程序如下:

void T0_Init(void)

```
{
    TMOD = 0X01;      //定时器的工作方式
    TH0 = (65536 – 2000)/256;      //定时 20 ms
    TL0 = (65536 – 2000)%256;
    TH1 = (65536 – 2000)/256;
    TL1 = (65536 – 2000)%256;
    ET0 = 1;
    ET1 = 1;
    EA = 1;
    P0 = 0;
}
void Key_Scan(void)    //开始键扫描
{
    if(K0 = = 0)
    {
        delay(5);
        if(K0 = = 0)
        {
            while(! K0);
            TR0 = 1;
            s = time;
            tt = 0;
            flag = 1;
            s_flag = 1;
            b_flag = 1;
            num = 0;
            beep = 1;
            rled = 1;
            fall_flag = 0;    //清除违规标志位
            K_startcountflag = 0;
            K_timecountflag = 0;
        }
    }
}
void Scan(void)    //8 路热键扫描(哪个键先按下,哪个优先级最高)
{
    if(K1 = = 0)
```

```
{
    delay(5);
    if(K1 = =0)
    {
        while( ! K1);
        num = 1;    //数码管显示 1 号"1"
        TR0 = 0;    //关闭定时器 0,时间停止
        TR1 = 1;    //打开定时器 1,使扬声器响一声
        s_flag = 0;    //关闭开始键标志位,使再按其他 7 个键不会响应
    }
}
if(K2 = =0)    //下面 7 个键的处理同上
{
    delay(5);
    if(K2 = =0)
    {
        while( ! K2);
        num = 2;
        TR0 = 0;
        TR1 = 1;
        s_flag = 0;    //重要
    }
}
if(K3 = =0)
{
    delay(5);
    if(K3 = =0)
    {
        while( ! K3);
        num = 3;
        TR0 = 0;
        TR1 = 1;
        s_flag = 0;
    }
}
if(K4 = =0)
{
```

```
      delay(5);
      if(K4 = =0)
       {
         while(! K4);
         num =4;
         TR0 =0;
         TR1 =1;
         s_flag =0;
       }
    }
    if(K5 = =0)
    {
       delay(5);
       if(K5 = =0)
        {
          while(! K5);
          num =5;
          TR0 =0;
          TR1 =1;
          s_flag =0;
        }
    }
    if(K6 = =0)
    {
       delay(5);
       if(K6 = =0)
        {
          while(! K6);
          num =6;
          TR0 =0;
          TR1 =1;
          s_flag =0;
        }
    }
    if(K7 = =0)
    {
       delay(5);
```

```
        if( K7 = =0)
          {
             while( ! K7);
             num = 7;
             TR0 = 0;
             TR1 = 1;
             s_flag = 0;
          }
      }
   if( K8 = =0)
     {
        delay(5);
        if( K8 = =0)
          {
             while( ! K8);
             num = 8;
             TR0 = 0;
             TR1 = 1;
             s_flag = 0;
          }
     }
  }
void display( void)
 {
   if( flag = =1)    //开始键按下,开始计时抢答
     {
        if( num! =0)   //如果有人抢答,则显示相应的号码
          {
             P2 = tabledu[ num];   //显示几号抢到了
             delay(250);
             if( K_Time = =0)
               {
                  num = 0;
               }
          }
        else   //否则没人抢答,则前面不显示号码
          {
```

```
        delay(2);
        P2 = tabledu[s];
        delay(250);
    }
}
else   //如果开始键没有按下,则显示 F (若有违规者,则显示违规号码)或时间调
整
{
    if(fall_flag = =1)   //违规显示
        {
            if(num! =0)
            {
                P2 = tabledu[num];   //显示几号违规了
                delay(250);
            }
            else
            {
                P0 = 0XFF;
            }
        }
    else   //没有人违规才显示调整时间
        {
            if(K_startcountflag = =1)
            {
                P2 = tabledu[time];
                delay(250);
            }
            else if(K_timecountflag = =1)
            {
                P2 = tabledu[datitime];
                delay(250);
            }
            else   //否则显示 F
            {
                P2 = tabledu[10];
                delay(250);
            }
```

```
        }
     }
}
void Time_Scan( void)    //调整时间键扫描
{
    if( K_startcount = =0)   //抢答时间调整
    {
        delay(5);
        if( K_startcount = =0)
        {
            while( !  K_startcount);
            time + +;
            if( time = =10)
            {
                time =0;
            }
            K_startcountflag =1;   //将抢答时间标志位置1
            K_timecountflag =0;    //同时关闭答题时间标志位
        }
    }
    if( K_timecount = =0)    //答题时间调整
    {
        delay(5);
        if( K_timecount = =0)
        {
            while( !  K_timecount);
            datitime + +;
            if( datitime = =10)
            {
                datitime =0;
            }
            K_timecountflag =1;
            K_startcountflag =0;
        }
    }
}
void main( void)
```

```
{
    T0_Init();
    while(1)
    {
        Key_Scan();    //开始键扫描
        if((flag = =0)&(s_flag = =1))    //当开始键没按下及没有人违规时才可进行
时间调整
        {
            Time_Scan();
        }
        if((flag = =1)&(s_flag = =0))    //当开始键按下及有人抢答才进行回答计时
倒计时
        {
            if(K_Time = =0)
            {
                delay(5);
                if(K_Time = =0)
                {
                    while(! K_Time);    //等待按键释放
                    s = datitime;
                    TR0 = 1;
                    tt = 0;
                    TR1 = 1;
                }
            }
        }
    if((flag = =0)&(s_flag = =1))    //违规
    {
        Scan();
        if(num! =0)    //开始键没有按下时,有人按下了抢答器,则置违规标志位
        {
            fall_flag = 1;
            rled = 0;
        }
    }
    if((flag = =1)&(s_flag = =1))    //如果开始键按下且抢答键没有人按下,则进
行8路抢答键扫描
```

```
    {
        Scan( );
    }
    display( );    //显示到数码管上
    }
}

void timer0(void) interrupt 1
{
    TH0 = (65536 - 2000)/256;    //2 ms
    TL0 = (65536 - 2000)%256;
    if(b_flag)    //开始(START)键按下,嘟一声(长1 s),表示开始抢答
    {
        beep = ~beep;
    }
    else
    beep = 1;
    if(s < 5)    //抢答时间快到报警,隔1 s响一声且红灯闪烁,响三声
    {
        if(s%2 = = 0)
        {
            b_flag = 1;
            rled = 0;
        }
        else
        {
            b_flag = 0;
            rled = 1;
        }
    }
        tt + + ;
        if(tt = =500)    //1 s
        {
            tt = 0;
            s - - ;
            b_flag = 0;    //关闭开始键按下响1 s的嘟声
            if(s = = -1)
            {
```

```
            s = 20;
            TR0 = 0;
            flag = 0;   //显示 F
            s_flag = 1;
            num = 0;
            rled = 1;
        }
    }
}
void timer1(void) interrupt 3   //定时器1处理有人按下抢答器嘟一声(长1 s)
{
    TH1 = (65536 - 2000)/256;
    TL1 = (65536 - 2000)%256;
    beep = ~ beep;
    t1 + +;
    if(t1 = = 500)
    {
        t1 = 0;
        TR1 = 0;
    }
}
```

第4章

EDA 设计基础

4.1 EDA 技术概述

4.1.1 EDA 技术

EDA 技术是一门发展迅速的新技术。它以大规模可编程逻辑器件为设计载体,以硬件描述语言为系统逻辑描述的主要表达方式,以计算机、大规模可编程逻辑器件的开发软件及实验开发系统为设计工具。它利用软件的方式设计电子系统,自动完成硬件系统的逻辑编译、逻辑化简、逻辑分割、逻辑综合及优化、逻辑布局布线、逻辑仿真,最后在特定的目标芯片中完成适配编译、逻辑映射、编程下载等工作,形成集成电子系统或专用集成芯片。利用 EDA 技术进行电子系统的设计具有以下几个特点:

(1)用软件的方式设计硬件;

(2)用软件的方式设计的系统到硬件系统的转换是由开发软件自动完成的;

(3)设计过程中可用有关软件进行各种仿真;

(4)系统可现场编程,在线升级;

(5)整个系统可集成在一个芯片上,体积小、功耗低、可靠性高。

因此,EDA 技术是现代电子设计的发展趋势。

EDA 技术是数字系统设计的核心技术,是电子类专业技术人员必须掌握的基本技能之一。

4.1.2 Verilog HDL 语言

Verilog HDL 是硬件描述语言的一种,可用于从算法级、门级到开关级的多种抽象设计层次的数字系统设计。被设计数字系统的复杂性可以介于简单的门电路与完整的数字系统之间。

Verilog HDL 语言具有如下的描述能力：数字系统的行为特性、数字系统的数据流特性、数字系统的结构组成等。它有两部分，即综合语言和验证语言。此外，Verilog HDL 语言提供了编程语言接口，通过该接口可以在模拟、验证期间进行外部访问设计，包括模拟的具体控制和运行。

Verilog HDL 语言不仅定义了语法，而且对每个语法结构都定义了清晰的模拟、仿真语义。因此，用这种语言编写的模型能够使用 Verilog 仿真器进行验证。语言从 C 编程语言中继承了多种操作符和结构。Verilog HDL 提供了扩展的建模能力，其中许多扩展最初很难理解。但是，Verilog HDL 语言的核心子集非常易于学习和使用，这对大多数建模应用来说已经足够。当然，完整的硬件描述语言足以对从最复杂的芯片到完整的电子系统进行描述。

现将 Verilog HDL 的发展历史介绍如下：

(1)1981 年，Gateway Automation(GDA)硬件描述语言公司成立；

(2)1983 年，该公司的 Philip Moorby 首创了 Verilog HDL，Moorby 后来成为 Verrlog HDL－XL 的主要设计者和 Cadence 公司的第一合伙人；

(3)1984—1985 年，Moorby 设计出第一个关于 Verilog HDL 的仿真器；

(4)1986 年，Moorby 对 Verilog HDL 的发展又做出另一个巨大的贡献，即提出了用于快速门级仿真的 XL 算法；

(5)随着 Verilog HDL－XL 的成功，Verilog HDL 语言得到迅速发展；

(6)1987 年，Synonsys 公司开始使用 Verilog HDL 行为语言作为综合工具的输入；

(7)1989 年，Cadence 公司收购了 Gateway 公司，Verilog HDL 成为 Cadence 公司的私有财产；

(8)1990 年初，Cadence 公司把 Verilong HDL 和 Verilong HDL－XL 分开，并公开发布了 Verilog HDL，随后成立的 OVI(Open Verilog HDL International)组织负责 Verilog HDL 的发展，OVI 由 Verilog HDL 的使用和 CAE 供应商组成，制定标准；

(9)1993 年，几乎所有 ASIC 厂商都开始支持 Verilog HDL，并且认为 Verilog HDL－XL 是最好的仿真器，同时，OVI 推出 2.0 版本的 Verilong HDL 规范，IEEE 接收将 OVI 的 Verilong HDL2.0 作为 IEEE 标准的提案；

(10)1995 年 12 月，IEEE 制定了 Verilong HDL 的标准 IEEE1364—1995。

4.2　QUARTUS II 软件及设计流程

4.2.1　Quartus II 软件介绍

Quartus II 是 Altera 公司开发的具有综合性 CPLD/FPGA 的开发软件，它实现原理图、VHDL、Verilog HDL 以及 AHDL(Altera Hardware 支持 Description Language)等多种设计输

入形式,内嵌自有的综合器以及仿真器,可以完成从设计输入到硬件配置的完整 PLD 设计流程。

Quartus II 可以在各操作系统上使用,例如 win7,Linux 以及 Unix 等,它不但可以使用 Tcl 脚本完成设计流程,同时提供了完善的用户图形界面设计方式。具有运行速度快、界面统一、功能集中、易学易用等特点。

Quartus II 支持 Altera 的 IP 核,包含了 LPM/MegaFunction 宏功能模块库,使用户可以充分利用成熟的模块,简化了设计的复杂性,加快了设计速度。对第三方 EDA 工具的良好支持也使用户可以在设计流程的各个阶段使用熟悉的第三方 EDA 工具。此外,Quartus II 通过和 DSP Builder 工具、Matlab/Simulink 相结合,可以方便地实现各种 DSP 应用系统;支持 Altera 的片上可编程系统(SOPC)开发,集系统级设计、嵌入式软件开发、可编程逻辑设计于一体,是一种综合性的开发平台。

4.2.2　Quartus II 软件设计流程

Altera 公司的 Quartus II 设计软件是一个非常完整的多平台设计工具,可以执行 HDL 的编辑、仿真、综合、布局、布线与 CPLD/FPGA 的烧录等,完成设计流程的所有任务。

图 4-1 所示即为 QuartusII 的设计流程图。QuartusII 软件在设计流程的每个阶段都提供了图形编辑界面、EDA 工具界面以及指令输入界面,让用户可以根据个人喜好选择操作界面和设计方法。

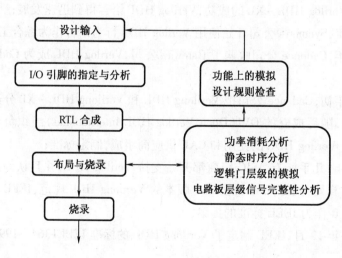

图 4-1　Quatus II 的设计流程图

下面介绍 Quatus II 10.0 版软件的设计流程以及 Modelsim 6.5E 版本软件的仿真设计流程。

1. 建立工程

开始使用 Quartus II,需建立一个工程,步骤如下:

(1)选取菜单选项"File"中的"New Project Wizard"。

(2)出现"New Project Wizard:Introduction"新建工程向导,如图 4-2 所示,按"Next"键。

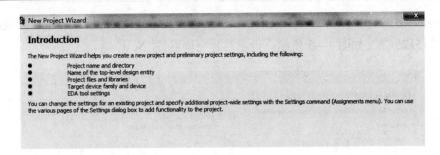

图 4-2 工程向导对话框

（3）进入"New Project Wizard：Directory，Name，and Top-Level Entity"对话框。第一个文字框中填入工作目录，如果所填入的目录不存在，Quartus II 会自动帮你建立；第二个文字框中填入工程名称；第三个文字框中则填写工程的顶层实体名，在此实体名的大小写是有区别的，所以必须与文件中实体名保持一致，如图 4-3 所示。然后按"Next"键。

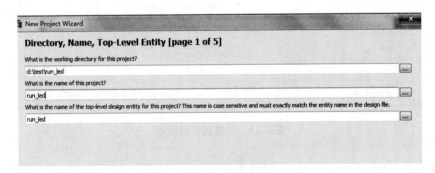

图 4-3 填写相应信息

（4）进入"Add File"对话框（图 4-4），如果设计的新电路系统中所需要的底层文件在以前的电路系统设计中已经设计完成了，那在此可以通过 Add File 将文件添加到新电路系统中。在此所有的电路文件均重新设计，因此先按"Next"键进入下一步设定。

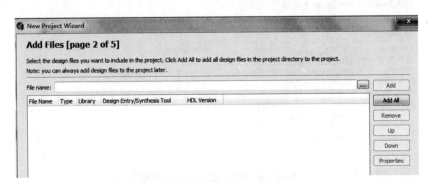

图 4-4 "Add File"对话框

（5）进入"New Project Wizard：Family&Device Settings"对话框，根据 DE2-115 开发板上 FPGA 的规格在"Family"处选择"Cyclone IVE"，在"Target device"处选择"Specific device selected in 'Available devices' list" 菜单，在"Available devices"处选择 "EP4CEl15F29C7"，如图 4 – 5 所示。设定芯片完毕后按"Next"键。

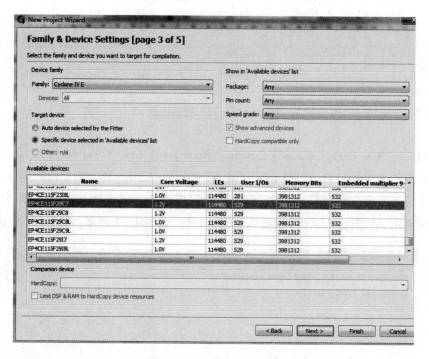

图 4 – 5　选择器件对话框

（6）进入"New Project Wizard：EDA Tool Settings"对话框，在"Simulation"对应的"Tool Name"栏位处，选择"ModelSim-Altera"，在对应的"Format(s)"栏位选择"Verilog HDL"，会在工程目录下产生内含"Modelsim"的"simulation"目录。其他没有使用的软件，则无须设定，如图 4 –6 所示。设定好后就按"Next"键。

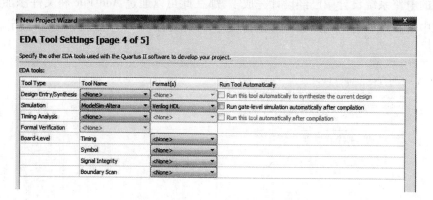

图 4 –6　EDA 工具设置对话框

（7）进入"New Project wizard：Summary"对话框，如图 4 – 7 所示，在该对话框里显示了前期设定的所有内容，检查所有设定后按"Finish"键，建立工程"run_led"。

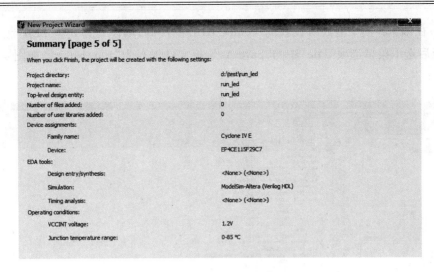

图 4 - 7　EDA 设置总结对话框

2. 建立设计文件

Quartus II 支持多种设计文件的形式,如系统框图与原理图文件(Block Diagram/schematic file)、文字编辑文件(AHDL,VerilogHDL,VHDL 或 SystemVerilog)、EDA 综合工具生成的 EDIF 文件与状态机图形编辑文件(State Machine File)等。这里主要介绍 Quartus II 中利用 Verilog HDL 硬件描述语言来进行高阶设计,步骤如下:

(1)选取菜单选项"File"中的"New",打开"New"对话框,选择"Verilog HDL File",表示将以 Quartus II 文件编辑器建立 Verilog 设计文件(图 4 - 8),按"OK"键后新增文字文件。

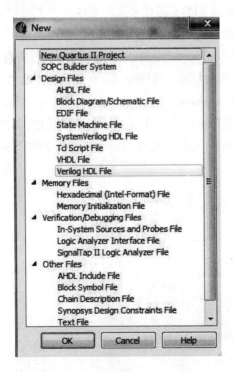

图 4 - 8　建立新的 Verilog 文件

(2)在编辑界面下输入所设计的 Verilog HDL 源代码,本设计为 8 位 LED 流水灯设计,完成后选取菜单选项"File"中的"Save As",将文件保存为"run_led. v",如图 4 – 9 所示。

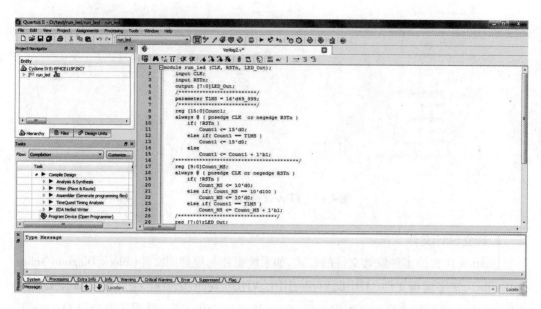

图 4 – 9　Verilog 文本编辑界面

3. 分析与综合

Quartus II 的编辑器(Compiler)执行程序包括:确认设计语法上是否有错误,综合逻辑电路,根据所选用的 Altera FPGA 芯片来布局布线并产生可供仿真的输出文件,进行时序分析等。Quartus II 的编译步骤如下:

(1)通过菜单选项"Assignments"中的"Settings"可以进行所有与编译相关的参数设定,可以最优化 FPGA 的资源利用与减少编译时间。在此我们先略过这部分,直接进行编译。

(2)选取菜单选项"Processing"中的"Start Compilation"或按工具栏上的按钮。此时 Quartus II 软件窗口的左侧"Task"窗口中会显示目前的进度,如图 4 – 10 所示。若不想依次执行完整的编译流程,可以从菜单选项"Processings"中的"Start"内选择需要执行的任务,如图 4 – 11 所示。

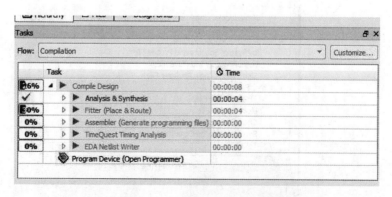

图 4 – 10　正在编译中的"Task"窗口

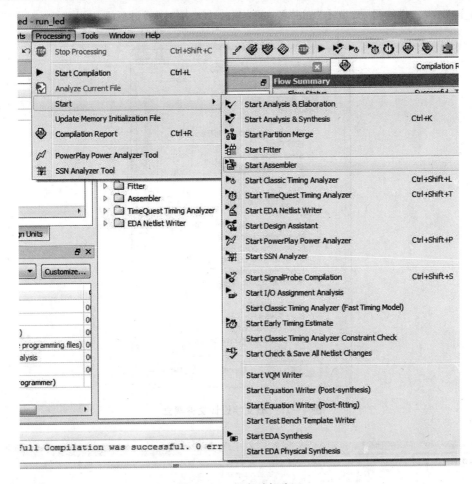

图 4-11　任务选择窗口

（3）编译完成后，会出现"Full compilation was successful"信息框，在 Quartus Ⅱ 主窗口的右侧会显示编译结果，可以观察到 FPGA 的资源利用率。

4. 仿真分析

（1）仿真 Testbench 撰写

选取菜单选项"File"中的"New"，打开"New"对话框，选择"Verilog HDL File"，表示将以 Quartus Ⅱ 文件编辑器建立 Verilog 设计文件，按"OK"键后新增文字文件，如图 4-12 所示。

在编辑界面下输入仿真的 Testbench 代码，完成后选取菜单选项"File"中的"Save As"，将文件保存为"run_led_test. vt"，如图 4-13 所示。

（2）Testbench 设置

在菜单选项"Assignments"中的"Settings"设置 EDA Tool Settings，如图 4-14 所示。选择"Testbenchs"出现如图 4-15 所示的对话框，选择"New"，进入"New Test bench settings"。在"Test bench name"中输入刚编写的 Test bench 名称"run_led_test"；在"Top level module in test bench"中输入 Test bench 名称"run_led_test"；在"Test bench files"中找到

"run_led_test. vt"的目录,点击"add"添加到 files 中。按"OK"键后退出设置。

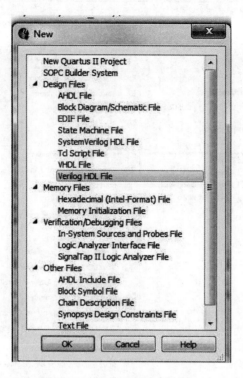

图 4 – 12 新文字设计文件建立

图 4 – 13 Verilog 文本编辑界面

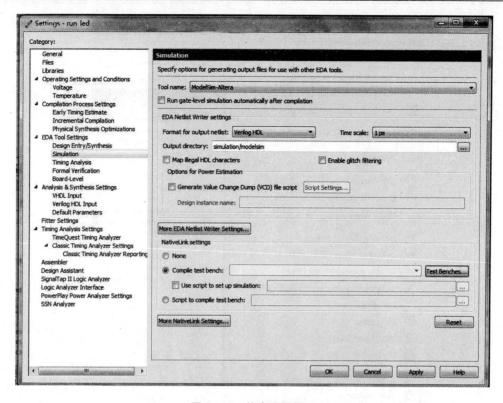

图 4 - 14　仿真设置界面

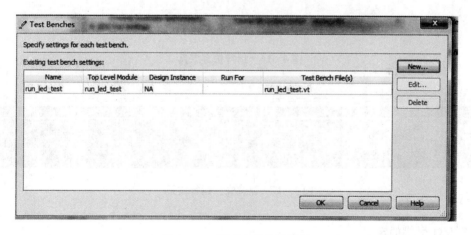

图 4 - 15　测试文件设置界面

(3)仿真

在菜单选项"Tools"中的"Run EDA simulation Tool"下的"EDA RTL Simulation"软件直接调用 Modelsim ALTERA 6.5E,进入到仿真界面。如图 4 - 16 所示,从仿真界面中可直接看出仿真结果(图 4 - 17),以验证系统设计的正确性。

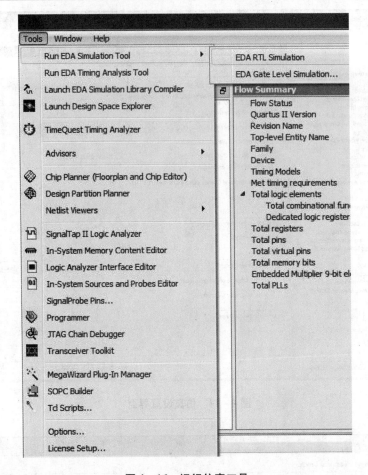

图 4 – 16   运行仿真工具

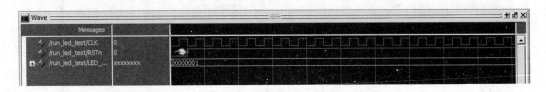

图 4 – 17   测试文件运行结果

5. I/O 引脚的定义

在完成上述的步骤之后,我们必须依据 DE2 – 115 开发版使用手册的 FPGA I/O 与外围设备器件的相对引脚来做正确的设定。进行 I/O 引脚指定的步骤如下:

(1)选取菜单选项"Assignments"中的"Planner Planner",即可根据 ED2 – 115 开发板的引脚情况进行引脚指定,如图 4 – 18 所示。

(2)选取菜单选项"Assignments"中的"Device",在"Device"对话框选择"Device and pin Optionsi",选取右侧分类中的"Unused Pins",确认"Reserve all unused pins",选择出"As input tri-stated",如图 4 – 19 所示。在此若"Reserve all unused pins"设定为"As input tri-stated",在 FPGA 开发板上就要将这些未使用到的 I/O 引脚接地或给定电压,避免空

接状态。相刭的设定为"As input tri – stated with weak pull – up",内部会直接拉高电位,并不需要在 FPGA 开发板上作实际的连线。未使用到的 I/O 引脚如果为空接状态,会造成输入晶体管无法运作在饱和或截止区,增加 FPGA 功率的消耗。除此之外,空接的 I/O 引脚产生干扰信号的噪声。

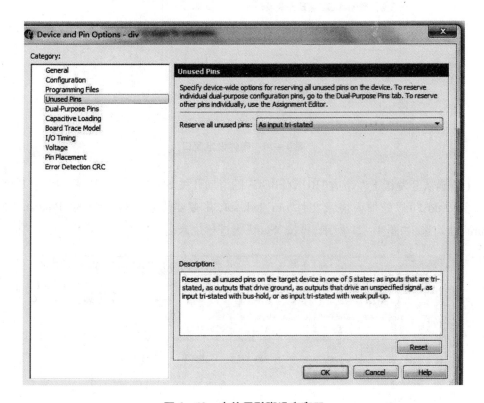

图 4 - 18　引脚设定窗口

图 4 - 19　未使用引脚设定窗口

(4)关闭"Pin Planner"对话框,重新编译。

6. FPGA 的烧录

完成重新编译之后,就可以利用 Quartus II 软件对 Altera FPGA 进行烧录。DE2 - 115 开发板具有两种烧录模式,在此我们仅描述将比特流(Bit Stream)直接烧录到 FPGA 中的步骤:

(1)以 USB 连线连接电脑与开发板的 USB Blaster,并将 DE2 - 115 开发板接上电源。在第一次连接电脑与 USB Blaster 硬件时,需要对 USB Blaster 进行驱动,在此不详细叙述。

· 165 ·

（2）选取菜单选项"Tools"中的"Programmer"，打开烧录窗口"Programmer"。

（3）选取"Hardware Setup"，打开"Hardware Setup"对话框，选择"Hardware Settings"页面，用鼠标在"Available hardware items"清单中的"USB – Blaster"双击，如图 4 – 20 所示，结果在"Currently selected hardware"右边会出现"USB – Blaster［USB – 0］"，按"Close"键。此时，"Hardware Setup"对话框中的"Hardware Setup"的右边会有"USB – Blaster［USB – 0］"出现。

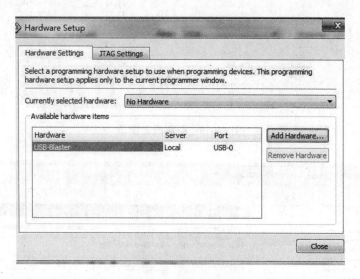

图 4 – 20　硬件设定窗口

（4）确认开发板上左下方"RUN/PROG"的滑动开关 SW19 拨到"RUN"位置。从烧录窗口的"Add File"处加入烧录文件 run_led. sof，并在要烧录文件项目的"Program/Configure"处勾选，如图 4 – 21 所示，再按"Start"键进行烧录。

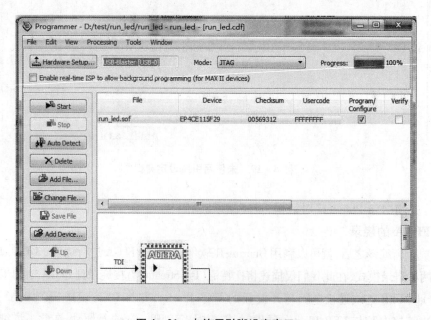

图 4 – 21　未使用引脚设定窗口

至此整个工程已经设计完成,我们可以从实验板上观察实验现象,当 SW0 向上时,从 LED0 到 LED7 流水闪亮;当 SW0 向下时,只有 LED0 常亮。

4.3　DE2 – 115 实验系统

4.3.1　DE2 – 115 开发板简介

DE2 – 115 开发板除了拥有丰富的外围硬件、让用户可以直接实现各式各样的简单或复杂的模块设计外,还提供简单易用的应用程序,让用户可以利用控制面板轻松操作开发板上的各种器件。图 4 – 22 为 DE2 – 115 开发板的照片,所有的器件与外围接口都标示于图上,图 4 – 23 为 DE2 – 115 所对应的系统框图。

从 DE2 – 115 所对应的系统框图中我们可以观察到,DE2 – 115 开发板上器件布局的特性为所有器件之间的连接均通过 Cyclone IV E 的 FPGA,因此用户可通过配置 FPGA 来实现任意系统设计。

图 4 – 22　DE2 – 115 开发板

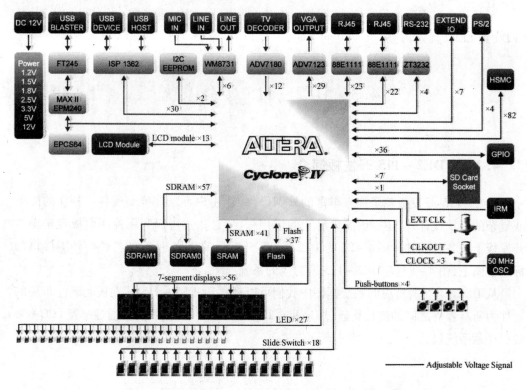

图 4 - 23　DE2 - 115 系统框图

4.3.2　启动 DE2 - 115 开发板

DE2 - 115 开发板内已预先载入一个程序,除了可展示开发板的多项特色外,还可用来快速检测开发板是否能正常工作。依下列步骤可启动开发板:

(1)利用 USB 连接线连接电脑与 DE2 - 115 开发板上的 USB Blaster,电脑与 DE2 - 115 开发板之间要能沟通,需要先在电脑上安装 Altera USB Blaster 驱动程序;

(2)接上 12 V 直流电源适配器;

(3)把 VGA 显示器的信号线接到 DE2 - 115 开发板的 VGA 接口;

(4)把喇叭或耳机接到 DE2 - 115 开发板的音频输出接口 Line - Out,并调小音量;

(5)把 DE2 - 115 开发板左侧的"RUN/PROG"开关 SW19 切换到"RUN"的位置;

(6)按下 DE2 - 115 开发板的红色电源开关打开电源。

此时,可观察到下列现象:

(1)VGA 屏幕显示如图 4 - 24 的画面;

(2)所有用户可运用的 LED 均会闪烁;

(3)所有的七段数码管均会从 0 至 F 循环显示;

(4)LCD 液晶显示器显示"Welcome to the Altera DE2 - 115";

(5)把滑动开关 SW17 往下拨,可听到频率为 1 kHz 的声音;

(6)把滑动开关 SW17 往上拨,并把音频播放器如 MP3,PC 或 iPod 等的输出接

DE2 –115 开发板的音频输入接口 Line – In，可听到音乐播放；

图 4 – 24 VGA 屏幕显示

（7）把麦克风接到 DE2 – 115 开发板的麦克风输入接口 Microphone – In，即可当成卡拉 OK，让语音和音乐综合后播放。

4.3.3 DE2 –115 开发板有两种烧录模式

1. JTAG 烧录模式

JTAG 是 IEEE 标准"Joint Test Action Group"的缩写，在此烧录模式中，比特流直接烧录到 Cyclone IV E FPGA 中，只要保持电源打开，FPGA 的配置即可维持，但断电后就失去配置信息。图 4 – 25 所示为 JTAG 烧录模式的配置图，烧录步骤如下：

（1）先确认 DE2 – 115 开发板已供电；

（2）把左下方"RUN/PROG"的滑动开关 SW19 拨到"RUN"的位置；

（3）确认 DE2 – 115 开发板右上方的跳线 JP3 的引脚 1 和引脚 2 为短路状态，JTAG 链路形成封闭回路，烧录仅能侦测到开发板上的 FPGA 芯片；

（4）USB 连接线连接电脑与开发板的 USB Blaster；

（5）利用 Quartus II 的 Programmer，选择扩展名为". sof"的配置文件烧录 FPGA。

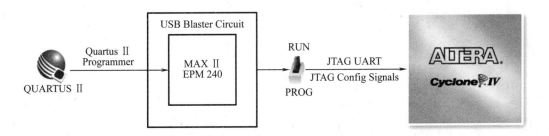

图 4 – 25 JTAG 烧录模式的配置图

2. AS 烧录模式

AS 为"Active Serial"（主动串行）的缩写，在此烧录模式中，配置文件下载到 Altera 的

EPCS64 串行配置芯片中。此芯片为非易失性存储器,即便关闭 DE2 – 115 开发的电源仍可维持数据。当开发板再次通电后,EPCS64 芯片内的配置信息会自动载入至 Cyclone IV E FPGA 中。图 4 – 26 所示为 AS 烧录模式的配置图,烧录步骤如下:

(1)先确认 DE2 – 115 开发板已供电;

(2)把左下方"RUN/PROG"的滑动开关 SW19 拨到"PROG"的位置;

(3)以 USB 连接线连接电脑与开发板的 USB Blaster;

(4)利用 Quartus II 的 Programmer,选择扩展名为".pof"的配置文件烧录 EPCS64 芯片;

(5)烧录结束后,把"RUN/PROG"滑动开关切换回"RUN"的执行位置,接着把电源关闭再打开,EPCS64 芯片内新的配置数据会载入至 FPGA 芯片。

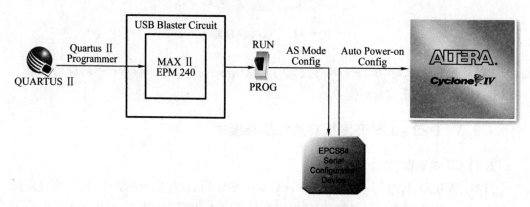

图 4 – 26   AS 烧录模式的配置图

第 5 章

EDA 典型电路设计

5.1 分频电路设计

在 EDA 数字电路系统设计中,电路只有一种由外部提供的单一频率的时钟源(如 DE2 - 115 提供的时钟频率为 50 MHz),而实际的电路常根据设计要求需要不同频率的控制信号,因此需要对外部提供的单一频率信号分频或倍频。所谓的分频电路即将一个给定的频率较高的数字输入信号,经过适当的处理后,产生一个或数个频率较低的数字输出信号。所谓的倍频即使信号的频率为原频率的整数倍,这需要硬件的支持(如 IP 核),在此不作为重点阐述。

分频电路是应用十分广泛的电路,其设计方法很多,最常见的方法是利用加法计数器对时钟信号进行分频,其分频常数 N = divin/divout。下面通过几个实例介绍分频器的设计方法。

【例 5 - 1】 设计一个可以将 1 kHz 的方波信号变为占空比为 50%、频率为 50 Hz 方波信号的分频器,并利用 Modelsim 仿真验证。程序如下:

```
module div2( divin,rest,divout);
input divin,rest;
output divout;
/ * * * * * * * * * * * * * * * * * * * * * * * /
reg[3:0] count;
reg rdivout;
/ * * * * * * * * * * * * * * * * * * * * * * * /
always@ ( posedge divin)
    if ( rest)
        begin
```

```
        count < = 4'd0;
        rdivout < = 1'b0;
        end
    else if ( count = = 4'd9 )
        begin
        count < = 4'd0;
        rdivout < = ~ rdivout;
        end
    else count < = count + 1'b1;
/ * * * * * * * * * * * * * * * * * * * * * * /
    assign divout = rdivout;
endmodule
```

程序说明：

(1)根据设计要求分频常数 $N = 1\,000/50 = 20$，为偶数分频，占空比为 50%。

(2)在程序设计中，计数器对时钟信号的上升沿进行计数，输出信号波形的改变仅仅发生在时钟信号的上升沿。在"always"部分设计了分频程序，由于是 20 分频，因此计数器计 10 个数 rdivout 信号自身翻转一次，从而实现占空比为 50% 的分频器。

(3)仿真结果如图 5 – 1 所示。从仿真结果中可分析出 divout 每个周期对应输入信号 20 个周期，divout 低电平对应 10 个周期信号，divout 高电平对应 10 个周期信号，设计符合要求。

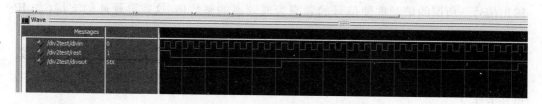

图 5 – 1　div2 的仿真波形

根据例 5 – 1 的设计思路，也可以很容易设计 2 分频信号、4 分频信号、8 分频信号、16 分频信号。程序如下：

```
module div2n( divin, rest, divout0, divout1, divout2, divout3 );
input divin, rest;
output wire divout0, divout1, divout2, divout3;
reg[3:0] count;
always@ ( posedge divin )
begin
    if ( rest )
        count < = 4'd0;
```

```
        else count < = count + 1'b1;
end
    assign divout0 = count[0];
    assign divout1 = count[1];
    assign divout2 = count[2];
    assign divout3 = count[3];
endmodule
```

仿真波形如图 5 - 2 所示。

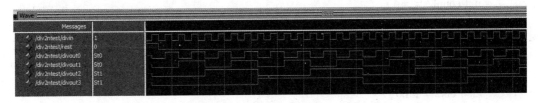

图 5 - 2　div2n 的仿真波形

【例 5 - 2】　设计一个可以将 1 kHz 的方波信号变为占空比为 50%、200 Hz 方波信号的分频器,并利用 Modelsim 仿真验证。程序如下:

```
module div50(divin, rest, divout);
input divin, rest;
output divout;
/ * * * * * * * * * * * * * * * * * * * * * * /
reg[3:0] count1, count2;
reg clk1, clk2;
/ * * * * * * * * * * * * * * * * * * * * * * /
always@ (posedge divin)
    if (rest)
        begin
        count1 < = 4'd0;
        clk1 < = 1'b0;
    end
    else begin
    if (count1 = = 4)
        count1 < = 4'd0;
    else count1 < = count1 + 1'b1;
    if (count1 < 2) clk1 = 1'b1;
    else clk1 = 1'b0;
    end
```

· 173 ·

```
/* * * * * * * * * * * * * * * * * * * * * * * * * * * * * * * */
always@(negedge divin)
    if(rest)
        begin
    count2 < = 4'd0;
    clk2 < = 1'b0;
    end
    else begin
    if(count2 = =4)
    count2 < = 4'd0;
    else count2 < = count2 +1'b1;
    if(count2 <2) clk2 = 1'b1;
    else clk2 = 1'b0;
    end
/* * * * * * * * * * * * * * * * * * * * * * * * * * * * * * */
    assign divout = clk2|clk1;
endmodule
```

程序说明:

(1)根据设计要求分频常数 $N = 1\ 000/200 = 5$,为奇数分频,占空比为 50%。

(2)在程序设计中,采用两个计数器同时计数。always@(posedge divin)计算 divin 信号的上升沿,计数周期为 5 个周期,其中前两个周期 clk1 输出高电平,后 3 个周期 clk1 输出为低电平。always@(negedge divin)计算 div 信号的下降沿,计数周期也为 5 个周期,其中前两个周期 clk2 输出高电平,后 3 个周期 clk2 输出为低电平。最后通过组合逻辑"assign divout = clk2|clk1;"控制输出时钟信号的电平,从而实现设计要求的输出信号。

(3)仿真结果如图 5-3 所示。从仿真结果中可分析出 divout 每个周期对应输入信号 5 个周期,divout 低电平对应 2.5 个周期信号,divout 高电平对应 2.5 个周期信号,设计符合要求。

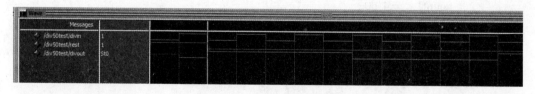

图 5-3 div50 的仿真波形

如果需要设计分频常数为 N(其中 N 为奇数)的分频器,则两个分频计数器输出高电平的周期数为 $(N-1)/2$,输出低电平的周期数为 $(N+1)/2$。

分频器是实际电路系统设计中最常用的电路,本节介绍分频器设计的最基本问题,实际电路设计中可借助 PLL 的 IP 核心实现。本节主要介绍的是占空比为 50% 的分频器,对于占空比任意的分频有可能精度要求较高,这就需要更复杂的算法。感兴趣的读者可查阅相关资料解决。

5.2　数码管显示电路设计

数码管是一种半导体发光器件,其基本单元是发光二极管。数码管分为共阴极和共阳极两类,DE2 - 115 开发板采用的是共阳极数码管,即当低电平时发光二极管亮,高电平时发光二极管灭。七段数码管中的每一段从 0 标示至 6,如图 5 - 4 所示,分别由 HEX[6:0]相对应位来控制。因此,当数码管的输入为"1111001"时,则数码管的 7 个段 HEX[6],HEX[5],…,HEX[0]分别接 1,1,1,1,0,0,1,数码管显示为 1。

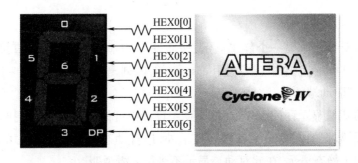

图 5 - 4　七段数码管每段与 HEX[6:0]控制位相对应的关系

【例 5 - 3】　设计一个 4 位 2 进制数的数码管显示译码器。程序如下:

```
module SEG7　(oSEG,iDIG);
input     [3:0]iDIG;
output    [6:0]oSEG;
reg       [6:0]oSEG;
/******************************/
always @ (iDIG)
begin
  case(iDIG)
  4'h1: oSEG  = 7'b1111001;
  4'h2: oSEG  = 7'b0100100;
  4'h3: oSEG  = 7'b0110000;
  4'h4: oSEG  = 7'b0011001;
  4'h5: oSEG  = 7'b0010010;
  4'h6: oSEG  = 7'b0000010;
  4'h7: oSEG  = 7'b1111000;
```

```
        4′h8: oSEG  =  7′b0000000;
        4′h9: oSEG  =  7′b0011000;
        4′ha: oSEG  =  7′b0001000;
        4′hb: oSEG  =  7′b0000011;
        4′hc: oSEG  =  7′b1000110;
        4′hd: oSEG  =  7′b0100001;
        4′he: oSEG  =  7′b0000110;
        4′hf: oSEG  =  7′b0001110;
        4′h0: oSEG  =  7′b1000000;
    endcase
  end
endmodule
```

程序说明:

(1)根据设计要求这是一个静态显示,即通过 4 - 7 译码器译码后,直接接到数码管驱动端 HEX[6:0]。在程序中直接利用 case 语句,陈列出 0000 ~ 1111(0 ~ F)这 16 个二进制数与数码管驱动端的一一对应关系。

(2)该段数码管显示译码程序,在电路系统设计中可作为底层电路直接调用。

数码管显示数据的方式除了有静态显示外,还有动态显示,但基于 DE2 - 115 开发板,数码管仅限于静态显示,在此对动态显示不进行分析说明。

5.3 LCD 液晶驱动电路设计

5.3.1 液晶屏显示模块

DE2 - 115 开发板上液晶显示器为市面上常用的字符型液晶显示器 LCD1602,其控制芯片采用的是 HD44780。HD44780 读写的控制程序可以很方便地应用于大部分字符型液晶。字符型 LCD 通常有 14 条引脚或 16 条引脚两种,16 条引脚比 14 条引脚多出来的两条是背光电源线 V_{cc}(15 脚)和地线 GND(16 脚),其控制原理与 14 脚的 LCD 完全一样。LCD 的引脚定义如表 5 - 1 所示。

表 5 - 1 LCD1602 引脚功能

引脚号	引脚名	电平	输入/输出	功能
1	V_{SS}	0 V		电源地
2	V_{DD}	5.0 V		电源
3	VO			对比调整电压

表 5 –1（续）

引脚号	引脚名	电平	输入/输出	功能
4	RS	1/0	输入	寄存器选择:1 = 输入数据;0 = 输入指令
5	R/W	1/0	输入	读、写操作:1 = 从 LCD 读取信息;0 = 向 LCD 写入指令或数据
6	E	1,1→0	输入	使能信号:1 时读取信息;1→0(下降沿)执行指令
7	DB0	1/0	输入/输出	数据总线 line0(最低位)
8	DB1	1/0	输入/输出	数据总线 line1
9	DB2	1/0	输入/输出	数据总线 line2
10	DB3	1/0	输入/输出	数据总线 line3
11	DB4	1/0	输入/输出	数据总线 line4
12	DB5	1/0	输入/输出	数据总线 line5
13	DB6	1/0	输入/输出	数据总线 line6
14	DB7	1/0	输入/输出	数据总线 line7(最高位)
15	A	+ V_{CC}		LCD 背光电源正极
16	K	接地		LCD 背光电源正极

5.3.2　液晶屏显示模块指令

1. LCD 指令

LCD 在使用过程中共有 11 条指令,下面阐述每条指令的格式及其功能。

（1）清屏指令

清屏指令如表 5 –2 所示。

表 5 –2　清屏指令

指令功能	指令编码									执行时间/ms
	RS	R/W	DB7	DB6	DB5	DB4	DB3	DB2	DB1	DB0	
清屏	0	0	0	0	0	0	0	0	0	1	1.64

功能:

①清除液晶显示器,即将 DDRAM 的内容全部填入 ASCII 码 20H。

②光标归位,即将光标撤回液晶显示屏的左上方。

③将地址计数器(AC)的值设置为 0。

（2）光标归位指令

光标归位指令如表 5 –3 所示。

表 5 – 3　光标归位指令

指令功能	指令编码										执行时间/ms
	RS	R/W	DB7	DB6	DB5	DB4	DB3	DB2	DB1	DB0	
光标归位	0	0	0	0	0	0	0	0	1	X	1.64

功能：

①把光标撤回到液晶显示屏的左上方。

②把地址计数器(AC)的值设置为 0。

③保持 DDRAM 的内容不变。

(3)进入模式设置指令

进入模式设置指令如表 5 – 4 所示。

表 5 – 4　进入模式设置指令

指令功能	指令编码										执行时间/μs
	RS	R/W	DB7	DB6	DB5	DB4	DB3	DB2	DB1	DB0	
进入模式设置	0	0	0	0	0	0	0	1	I/D	S	40

功能：设定每次写入 1 位数据后光标的移位方向，并且设定每次写入的一个字符是否移动。

参数设置如下：

①I/D：0 为写入或读出新数据后，AC 值自动减 1，光标左移；1 为写入或读出新数据后，AC 值自动增 1，光标右移。

②S：0 为写入新数据显示屏不移动；1 为写入新数据后显示屏整体平移，此时若 I/D = 0 则画面右移，若 I/D = 1 则画面左移。

(4)显示开关控制指令

显示开关控制指令如表 5 – 5 所示。

表 5 – 5　显示开关控制指令

指令功能	指令编码										执行时间/μs
	RS	R/W	DB7	DB6	DB5	DB4	DB3	DB2	DB1	DB0	
显示开关控制	0	0	0	0	0	0	1	D	C	B	40

功能：控制显示器开/关、光标显示/关闭以及光标是否闪烁。

参数设置如下：

①D：0 为显示功能关；1 为显示功能开。

②C：0 为无光标；1 为有光标。

③B:0 为光标闪烁;1 为光标不闪烁。

(5)设定显示屏或光标移动方向指令

设定显示屏或光标移动方向指令和表 5 - 6 所示。

表 5 - 6 设定显示屏或光标移动方向指令

指令功能	指令编码										执行时间/μs
	RS	R/W	DB7	DB6	DB5	DB4	DB3	DB2	DB1	DB0	
显示屏或光标移动方向	0	0	0	0	0	1	S/C	R/L	X	X	40

功能:使光标移动或使整个显示屏幕移位,但不改变 DDRM 的内容。

参数设定的情况如表 5 - 7 所示。

表 5 - 7 设定显示屏或光标移动的真值表

S/C	R/L	设定情况
0	0	光标左移 1 格
0	1	光标右移 1 格
1	0	显示器上字符全部左移 1 格,但光标不动
1	1	显示器上字符全部右移 1 格,但光标不动

(6)功能设定指令

功能设定指令如表 5 - 8 所示。

表 5 - 8 功能设定指令

指令功能	指令编码										执行时间/μs
	RS	R/W	DB7	DB6	DB5	DB4	DB3	DB2	DB1	DB0	
功能设定	0	0	0	0	1	DL	N	F	X	X	40

功能:设定数据位线、显示的行数及字型。

参数设置如下:

①DL:0 为数据总线为 4 位;1 为数据总线为 8 位。

②N:0 为显示 1 行;1 为显示 2 行。

③F:0 为 5×7 点阵/字符;1 为 5×10 点阵/字符。

(7)设定 CGRAM 地址指令

设定 CGRAM 地址指令如表 5 - 9 所示。

表 5 - 9　设定 CGRAM 地址指令

指令功能	指令编码										执行时间/μs
	RS	R/W	DB7	DB6	DB5	DB4	DB3	DB2	DB1	DB0	
设定 CGRAM 地址	0	0	0	CGRAM 的地址(6 位)							40

功能:设定下一个要存入数据的 CGRAM 的地址。

(8)设定 DDRAM 地址指令

设定 DDRAM 地址指令如表 5 - 10 所示。

表 5 - 10　设定 DDRAM 地址指令

指令功能	指令编码										执行时间/μs
	RS	R/W	DB7	DB6	DB5	DB4	DB3	DB2	DB1	DB0	
设定 DDRAM 地址	0	0	1	DDRAM 的地址(6 位)							40

功能:设定下一个要存入数据的 DDRAM 的地址,地址值可以为 0x00 ~ 0x4f。

(9)读取忙信号或 AC 地址指令

读取忙信号或 AC 地址指令如表 5 - 11 所示。

表 5 - 11　读取忙信号或 AC 地址指令

指令功能	指令编码										执行时间/μs
	RS	R/W	DB7	DB6	DB5	DB4	DB3	DB2	DB1	DB0	
读取忙信号或 AC 地址	0	1	BF	AC 内容(7 位)							40

功能:

①读取忙信号 BF 的内容,BF = 1 表示液晶显示器忙,暂时无法接收单片机送来的数据或指令;当 BF = 0 时,液晶显示器可以接收单片机送来的数据或指令。由于 LCD 是慢显示器件,因此在执行每条指令之前,一定要确认 BF = 0,否则此指令失效。要显示字符时,要先输入显示字符地址,也就是告诉模块在哪里显示字符。

②读取地址计数器(AC)的内容。

(10)数据写入 DDRAM 或 CGRAM 指令

数据写入 DDRAM 或 CGRAM 指令如表 5 - 12 所示。

表 5 – 12　数据写入 DDRAM 或 CGRAM 指令

指令功能	指令编码										执行时间/μs
	RS	R/W	DB7	DB6	DB5	DB4	DB3	DB2	DB1	DB0	
数据写入 DDRAM 或 CGRAM	1	0	要写入的数据 D7 ~ D0								40

功能:将字符码写入 DDRAM(或 CGRAM),以使液晶显示屏显示出相对应的字符,或者将使用者自己设计的图形存入 CGRAM。

(11)从 DDRAM 或 CGRAM 读取数据的指令

从 DDRAM 或 CGRAM 读取数据的指令如表 5 – 13 所示。

表 5 – 13　从 DDRAM 或 CGRAM 读取数据的指令

指令功能	指令编码										执行时间/μs
	RS	R/W	DB7	DB6	DB5	DB4	DB3	DB2	DB1	DB0	
从 DDRAM 或 CGRAM 读取数据	1	1	要读出的数据 D7 ~ D0								40

功能:读取当前 DDRAM 或 CGRAM 单元中的内容。

2. 读写操作指令

根据上述指令可知,LCD1602 有四种基本的操作,如表 5 – 14 所示。

表 5 – 14　LCD 基本操作指令

基本操作	输入	输出
读状态	RS = L,RW = H,E = H	DB0 ~ DB7 为状态字
写指令	RS = L,RW = L,E 为下降沿,DB0 ~ DB7 为指令码	无
读数据	RS = H,RW = H,E = H	DB0 ~ DB7 为数据
写数据	RS = L,RW = L,E 为下降沿,DB0 ~ DB7 为数据	无

【例 5 – 4】　在液晶屏上按要求显示如下信息:

(1)显示静态信息:第一行显示 www. nepu. edu. cn;

(2)显示动态信息:第二行显示"count:变量",该变量实现加 1 计数,计数频率为 1 s,计数范围为 1 ~ 9,循环计数。

程序如下:

```
module lcd1602 (clock_50,rst_n,lcd_data,lcd_en,lcd_rs,lcd_rw,lcd_on,lcd_blon);
input clock_50,rst_n;
output reg[7:0] lcd_data;
```

```verilog
output lcd_rw,lcd_on,lcd_blon;
output reg lcd_rs;
output wire lcd_en;
/* * * * * * * * * * * * *LCD driver signal * * * * * * * * * * * * * */
reg[15:0] tcnt;
wire lcd_clk;
always@ (posedge clock_50 or negedge rst_n)
    begin
        if ( ! rst_n)
            tcnt < = 16'h0000;
        else tcnt < = tcnt + 1'b1;
    end
assign lcd_clk = (tcnt < 16'hfffa)? 1'b0:1'b1;
/* * * * * * * * * * * * *1s count * * * * * * * * * * * * */
wire [7:0] data0;
reg [7:0] data_r0;
reg [31:0] cnt1;
always@ (posedge clock_50 or negedge rst_n)
begin
if( ! rst_n)
    begin    cnt1 < = 32'd0; data_r0 < = 8'd0; end
        else if( cnt1 = =32'd49999999)
                begin
                    if( data_r0 = = 8'd9)     data_r0 < = 8'd0;
                    else begin   data_r0 < = data_r0 + 1'b1;   cnt1 < = 1'b0; end
                end
                else cnt1 < = cnt1 + 1'b1;
end
assign data0 = 8'h30 + data_r0 ;
/* * * * * * * * * * * * * LCD display * * * * * * * * * * * * */
assign lcd_on = 1'b1;
assign lcd_blon = 1'b0;
assign lcd_rw = 1'b0;
parameter initialdata = {8'h38,8'h0C,8'h01,8'h06,8'h80};
parameter line1data = "www. nepu. edu. cn";
parameter line2data = "count:";
reg[39:0] initialdatareg;
```

```verilog
reg[119:0] line1datareg;
reg[47:0] line2datareg;
reg en;
reg[4:0]cnt2,cnt3;
/******* LCD state *********/
reg[3:0] nextstate;
parameter set0 = 4'h0,set1 = 4'h1,dat1 = 4'h2,set2 = 4'h3,dat2 = 4'h4,set3 = 4'h5,dat3
   = 4'h6;
always @ (posedge lcd_clk)
begin
en <=0;
case(nextstate)
set0: begin initialdatareg <= initialdata;
          line1datareg <= line1data;
          line2datareg <= line2data;
          cnt2 <= 4'b0;
          cnt3 <= 4'b0;
          nextstate <= set1;
end
set1: begin lcd_rs <= 1'b0;
          lcd_data <= initialdatareg[39:32];
          initialdatareg <= (initialdatareg <<8);
          if (cnt2 <4) begin nextstate <= set1; cnt2 <= cnt2 + 1'b1;end
          else begin nextstate <= dat1;cnt2 <=0;end
end
dat1: begin lcd_rs <= 1'b1;
          lcd_data <= line1datareg[119:112];
          line1datareg <= (line1datareg <<8);
          if (cnt3 <14) begin nextstate <= dat1;cnt3 <= cnt3 + 1'b1;end
          else begin nextstate <= set2;cnt3 <=0;end
end
set2: begin lcd_rs <= 1'b0;lcd_data <= 8'hC0;nextstate <= dat2;end
dat2: begin lcd_rs <= 1'b1;
          lcd_data <= line2datareg[47:40];
          line2datareg <= (line2datareg <<8);
          if (cnt3 <5) begin nextstate <= dat2;cnt3 <= cnt3 + 1'b1;end
          else begin nextstate <= set3;cnt3 <=0;end
```

```
end
set3:begin lcd_rs < = 1'b0;lcd_data < = 8'hC6;nextstate < = dat3;end
dat3:begin lcd_rs < = 1'b1;
            lcd_data < = data0;
            nextstate < = set3;
end
default:nextstate < = set0;
endcase
end
assign lcd_en = lcd_clk|en;
endmodule
```

程序说明:

(1)本设计主要采用了状态机实现 LCD 驱动。在此设计了 7 个状态,即 set0 完成数据的初始化,set1 完成 LCD 的初始化,dat1 完成第一行的字符显示,set2 完成第一行到第二行的转换,dat2 完成第二行的字符显示,set3 完成第二行的固定位置设定,dat3 完成第二行中的动态信息显示。7 个状态的转换如图 5 – 5 所示。

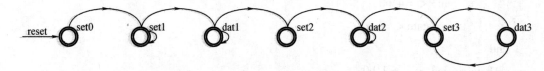

图 5 – 5　状态转换图

(2)LCD 驱动信号(LCD driver signal)程序部分:由于 LCD1602 是慢速器件,不能直接用 FPGA 外接的 50 MHz 时钟信号直接驱动,因此需要对 FPGA 时钟信号进行分频驱动,或者计数延时使能驱动。在程序中利用 tcnt 从 0000 ~ ffff 的计数,生成了 762 Hz 的 LCD 驱动信号 lcd_clk。通过"assign lcd_clk = (tcnt < 16'hfffa)? 1'b0;1'b1;"语句设置驱动信号的占空比。在此需要注意的是,不同厂家的 LCD1602 的时序延时都不同,在设计时要根据具体的 LCD 进行参数的调整。

(3)1 s 计数(1 s count)程序部分:由于设计要求中第二行中有 1 s 的计数显示,因此将 FPGA 外接的 50 MHz 时钟信号分频至 1 Hz,利用 cnt1 从 0 ~ 49999999 计数实现1 Hz信号的产生,并利用 data_r0 实现 1 s 计数。计数的结果需要在 LCD 上直接显示,利用"assign data0 = 8'h30 + data_r0 ;"语句将计数器的结果转换成 LCD 可显示变量。

(4)LCD display 程序部分:该部分程序完成参数的设定。设置 LCD 工作参数,利用语句"assign lcd_on = 1'b1;"。由于 DE2 – 115 开发板上的 LCD 模块无背光,利用语句"assign lcd_blon = 1'b0;"将背光参数置为 0。LCD 初始化参数为" parameter initialdata = {8'h38,8'h0C,8'h01,8'h06,8'h80};",LCD 第一行显示的参数为"parameter line1data = " www. nepu. edu. cn" ;",LCD 第二行显示的参数为"parameter line2data = " count:" ;"。

（5）采用顺序编码的方式实现 7 个状态的编码"parameter set0 = 4′h0，set1 = 4′h1，dat1 = 4′h2，set2 = 4′h3，dat2 = 4′h4，set3 = 4′h5，dat3 = 4′h6;"。

（6）set0 状态实现初始化待显示字符和初始化液晶屏幕控制指令赋值。

（7）set1 状态实现液晶屏幕的初始化，"8′h38:"设置数据总线为 8 位，显示两行，5 × 10 点阵/字符;"8′h0C:"设置开始显示，无光标;"8′h01:"显示清零;"8′h06"显示地址设置，使第一行显示地址"8′h80"。初始化过程采用 5 次 8 位左移"initialdatareg < = (initialdatareg < <8);"。

（8）dat1 状态和 dat2 状态完成了液晶屏幕信息的两行静态显示，这两行字符可根据实际的设计需要进行修改。

（9）set3 状态用于设置变量的显示位置，利用语句"lcd_data < = 8′hC6;"将位置选定在第二行的"count:"之后。dat3 状态用于变量显示，利用语句"lcd_data < = data0;"在选定的固定位置上显示变量。为了在选定的位置实现变量的实时显示，set3 状态和 dat3 状态转换。

5.4　RS - 232 串口通信电路设计

RS - 232 是最常用的串行通信接口，也是一种标准口。在 RS - 232 标准中，字符是以一串行的比特串一个接一个地以串行方式传输，具有传输线少、配线简单以及传送距离远等特点。

RS - 232 采用异步通信的方式进行数据的传输。所谓的异步通信即数据或字符是一帧一帧地传送。帧定义为一个字符完整的通信格式，也称为帧格式，它用占用一位的起始位表示字符的开始，其后是 8 位数据，规定低位在前，高位在后;再是奇偶校验位，通过对数据奇偶性的检查，用于判别字符传输的正确性，可选择三种方式即奇校验、偶校验和无校验;最后用停止位表示字符的结束，可以是 1 位、1.5 位或 2 位。从起始位开始到停止位结束构成完整的一帧，由于异步通信每传送一帧都有固定的格式，如图 5 - 6 所示，通信双方只要按约定的串口传输协议来发送和接收数据即可。此外校验位可以检测传输错误，所以这种通信方式应用非常广泛。

图 5 - 6　串口传输协议

在串口通信中波特率是非常重要的参数，常用的波特率有 9 600 和 115 200。以 9 600波特率为例，它表示的是每秒钟可以传输 9 600 位，同时也可以利用该参数计算传输一位数据的周期(即 1/9 600)以及每帧数据的周期(即 11 × (1/9 600))。

【例 5 - 5】 如图 5 - 7 所示,设计利用 FPGA 通过串口与计算机实现通信,串口处于单工作状态。要求以 9 600 的波特率向 PC 机上的串口调试工具发送数据。

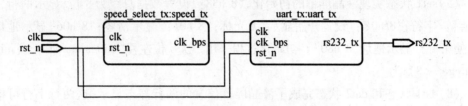

图 5 - 7 串口通信的内部逻辑结构原理图

波特率设定模块:

```
module speed_select_tx(clk,rst_n,clk_bps);
/* * * * * * * * * * * * * * * * * * * * * * * * * * * * * * * * */
input clk;
input rst_n;
output clk_bps;
reg [12:0]cnt;
reg clk_bps_r;
/* * * * * * * * * * * * * * * * * * * * * * * * * * * * * * * * */
always @ (posedge clk or negedge rst_n)
    begin
    if (! rst_n)   cnt < = 13'd0;
    else if (cnt = =5207)   cnt < = 13'd0;
    else cnt < = cnt + 1'b1;
end
/* * * * * * * * * * * * * * * * * * * * * * * * * * * * * * * * */
always @ (posedge clk or negedge rst_n)
    begin
    if (! rst_n) clk_bps_r < = 1'b0;
    else if (cnt = =2603)   clk_bps_r < = 1'b1;
    else clk_bps_r < = 1'b0;
end
assign clk_bps = clk_bps_r;
endmodule
```

数据传输模块:

```
module uart_tx(clk,rst_n,clk_bps,rs232_tx);
/* * * * * * * * * * * * * * * * * * * * * * * * * * * * * * * * */
```

```
input clk;
input rst_n;
input clk_bps;
output rs232_tx;
reg [7:0] rx_data;
reg tx_en;
reg [3:0] num;
/* * * * * * * * * * * * input data setting * * * * * * * * * * * * * * * * */
initial
begin
rx_data = 8'b11111111;
end
/* * * * * * * * * * * * * * * * * * * * * * * * * * * * * * * * * * * * */
always @ (posedge clk or negedge rst_n)
begin
    if(! rst_n)   tx_en <= 1'b0;
    else
    if(num == 4'd10)   tx_en <= 1'b0;
    else   tx_en <= 1'b1;
end
/* * * * * * * * * * * * * * * * * * * * * * * * * * * * * * * * * * * * */
reg rs232_tx_r;
always @ (posedge clk or negedge rst_n)
    begin
        if(! rst_n) begin num <= 4'd0; rs232_tx_r <= 1'b1; end
        else begin
        if(tx_en) begin
            if(clk_bps)
                begin
                num <= num + 1'b1;
                case(num)
                4'd0: rs232_tx_r <= 1'b0;
                4'd1: rs232_tx_r <= rx_data[0];
                4'd2: rs232_tx_r <= rx_data[1];
                4'd3: rs232_tx_r <= rx_data[2];
                4'd4: rs232_tx_r <= rx_data[3];
                4'd5: rs232_tx_r <= rx_data[4];
```

```
        4′d6：rs232_tx_r ＜ ＝ rx_data[5]；
        4′d7：rs232_tx_r ＜ ＝ rx_data[6]；
        4′d8：rs232_tx_r ＜ ＝ rx_data[7]；
        4′d9：rs232_tx_r ＜ ＝ 1′b1；
        default：rs232_tx_r ＜ ＝ 1′b1；
        endcase
      end
    end
  else num ＜ ＝4′d0；
  end
end
assign rs232_tx ＝ rs232_tx_r；
endmodule
```

顶层实体：

```
module chuankoutop(clk,rst_n,rs232_tx)；
/ * * * * * * * * * * * * * * * * * * * * * * * * * * * * * * * */
input clk；
input rst_n；
output rs232_tx；
wire clk_bps1；
/ * * * * * * * * * * * * * * * * * * * * * * * * * * * * * * * */
speed_select_tx speed_tx(. clk(clk),. rst_n(rst_n),. clk_bps(clk_bps1))；
uart_tx uart_tx(. clk(clk),. rst_n(rst_n),. clk_bps(clk_bps1),. rs232_tx(rs232_tx))；
endmodule
```

程序说明：

（1）本设计中要求采用 9 600 波特率的传输速度,因此传输一位数据所需要的时间为 1/9 600 s。DE2 – 115 使用 50 MHz 的时钟频率,则获得该时间值为(1/9 600)/(1/50 MHz) ＝ 5 028。在 speed_select_tx 程序中第一个 always 语句中完成了 cnt 从 0 到(5 028 – 1)的计数。而数据的采集要求在每位数据周期的中间进行 (5 028/2) ＝ 2 604,即 cnt ＝ 2 603。因此,当 cnt ＝ 2 063 时 clk_bps 为高电平,其他数值时 clk_bps 为低电平,实现了 9 600 波特率的设定。

（2）在 uart_tx 程序完成数据的采集和数据的传输。设需要传输的数据"rx_data ＝ 8′b11111111；",num 完成一帧数据 11 位的计数,利用 case 语句根据 num 的数值对一帧数据的 11 位进行操作。当 num ＝ 0 时 rs232_tx_r 置低,串口开始工作；当 num ＝ 1 ~ 8 时对 rs232_tx_r 进行从低到高赋值；当 num ＝ 9 时选择校验位；当 num ＝ 10 时 rs232_tx_r ＝ 1,串口停止工作。

DE2 – 115 引脚设定如图 5 – 8 所示。

Node Name	Direction	Location	I/O Bank	VREF Group	I/O Standard	Reserved
clk	Input	PIN_Y2	2	B2_N0	2.5 V (default)	
rs232_tx	Output	PIN_G9	8	B8_N2	2.5 V (default)	
rst_n	Input	PIN_AB28	5	B5_N1	2.5 V (default)	

图 5 - 8　引脚设定

与 PC 机上串口通信结果如图 5 - 9 所示。

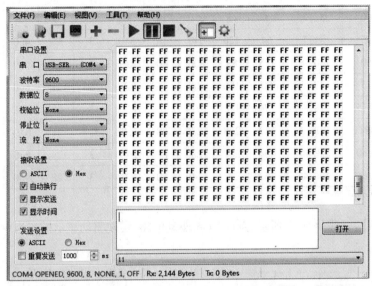

图 5 - 9　串口通信结果显示

5.5　VGA 接口电路设计

VGA 显示的彩色图像是由 R,G,B 三基色组成的。显示采用逐行扫描的方式实现,扫描从屏幕的左上方开始,显示从左到右(受水平同步信号 HSYNC 控制)、从上到下(受垂直同步信号 VSYNC 控制)做有规律的移动。屏幕从左上角一点开始,从左到右逐点扫描(显示),每扫描完一行,又重新回到屏幕左边下一行起始位置开始扫描。扫描完所有行,形成一帧时,用场同步信号进行场同步,扫描又回到屏幕左上方。行场扫描时序如图 5 - 10 所示。

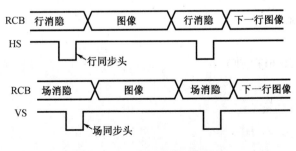

图 5 - 10　行场扫描时序图

在设计 VGA 行场扫描控制信号时,参考表 5 – 15 各种显示模式的水平和垂直同步信号的时钟规范。

表 5 – 15　图像显示扫描参数表

显示模式	时钟 /MHz	行时序(像素数)					帧时序(行数)				
		a	b	c	d	e	o	p	q	r	s
640 × 480@ 60	25.175	96	48	640	16	800	2	33	480	10	525
640 × 480@ 75	31.5	64	120	640	16	840	3	16	480	1	500
800 × 600@ 60	40.0	128	88	800	40	1056	4	23	600	1	628
800 × 600@ 75	49.5	80	160	800	16	1056	3	21	600	1	625
1 024 × 768@ 75	78.8	176	176	1024	16	1312	3	28	768	1	800
1 028 × 1 024@ 60	108.0	112	248	1280	48	1688	3	38	1024	1	1066
1 028 × 800@ 60	83.46	136	200	1280	64	1680	3	24	800	1	828
1 440 × 900@ 60	106.47	152	232	1440	80	1904	3	28	900	1	932

【例 5 – 6】　如图 5 – 11 所示,设计 VGA 驱动电路,实现驱动显示模式为 640 × 480@ 60 的静态图像显示。

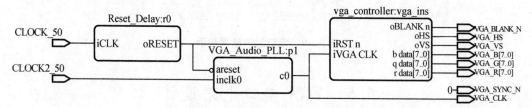

图 5 – 11　VGA 静态图片显示的内部逻辑结构原理图

VGA 分频模块:

```
module   Reset_Delay(iCLK,oRESET);
/*******************************************/
input   iCLK;
output reg   oRESET;
reg   [19:0]   Cont;
always@(posedge iCLK)
begin
  if(Cont! = 20'hFFFFF)
  begin
    Cont   < = Cont + 1;
    oRESET   < = 1'b0;
  end
```

```
    else
    oRESET    < = 1'b1;
end
endmodule
```

扫描控制信号:

```
module video_sync_generator( reset,vga_clk,blank_n,HS,VS);
/ * * * * * * * * * * * * * * * * * * * * * * * * * * * * * * * * * * * /
input reset;
input vga_clk;
output reg blank_n;
output reg HS;
output reg VS;
parameter hori_line    = 800;
parameter hori_back    = 144;
parameter hori_front    = 16;
parameter vert_line    = 525;
parameter vert_back    = 35;
parameter vert_front = 10;
parameter H_sync_cycle = 96;
parameter V_sync_cycle = 2;
reg [10:0] h_cnt;
reg [9:0]    v_cnt;
wire cHD,cVD,cDEN,hori_valid,vert_valid;
always@ (negedge vga_clk,posedge reset)
    begin
    if (reset)
      begin
        h_cnt < = 11'd0;
        v_cnt < = 10'd0;
      end
    else
    begin
    if (h_cnt = = hori_line - 1)
      begin
        h_cnt < = 11'd0;
        if (v_cnt = = vert_line - 1)
          v_cnt < = 10'd0;
```

```
        else
            v_cnt < = v_cnt + 1 ;
        end
        else
            h_cnt < = h_cnt + 1 ;
      end
   end
assign cHD  =  ( h_cnt < H_sync_cycle ) ?  1′b0 : 1′b1 ;
assign cVD  =  ( v_cnt < V_sync_cycle ) ?  1′b0 : 1′b1 ;
assign hori_valid  =  ( h_cnt < ( hori_line – hori_front ) && h_cnt > = hori_back ) ?  1′b1 :
1′b0 ;
assign vert_valid  =  ( v_cnt < ( vert_line – vert_front ) && v_cnt > = vert_back ) ?  1′b1 :
1′b0 ;
assign cDEN  =  hori_valid && vert_valid ;
always@ ( negedge vga_clk )
   begin
      HS < = cHD ;
      VS < = cVD ;
      blank_n < = cDEN ;
end
endmodule
VGA 控制电路:
module vga_controller( iRST_n, iVGA_CLK, oBLANK_n, oHS, oVS, b_data, g_data, r
_data ) ;
/ * * * * * * * * * * * * * * * * * * * * * * * * * * * * * * * * * * * * * * */
input iRST_n ;
input iVGA_CLK ;
output reg oBLANK_n ;
output reg oHS, oVS ;
output [ 7 : 0 ] b_data, g_data, r_data ;
reg [ 18 : 0 ] ADDR ;
reg [ 23 : 0 ] bgr_data ;
wire VGA_CLK_n ;
wire [ 7 : 0 ] index ;
wire [ 23 : 0 ] bgr_data_raw ;
wire cBLANK_n, cHS, cVS, rst ;
assign rst  =  ~ iRST_n ;
```

```verilog
video_sync_generator LTM_ins (. vga_clk(iVGA_CLK),
                              . reset(rst),
                              . blank_n(cBLANK_n),
                              . HS(cHS),
                              . VS(cVS));
always@ (posedge iVGA_CLK, negedge iRST_n)
begin
  if (! iRST_n)
    ADDR < = 19'd0;
  else if (cHS = = 1'b0 && cVS = = 1'b0)
    ADDR < = 19'd0;
  else if (cBLANK_n = = 1'b1)
    ADDR < = ADDR + 1;
end
assign VGA_CLK_n = ~ iVGA_CLK;
img_data   img_data_inst (
  . address ( ADDR ),
  . clock ( VGA_CLK_n ),
  . q ( index )
  );
img_index   img_index_inst (
  . address ( index ),
  . clock ( iVGA_CLK ),
  . q ( bgr_data_raw));
always@ (posedge VGA_CLK_n)
bgr_data < = bgr_data_raw;
assign b_data = bgr_data[23:16];
assign g_data = bgr_data[15:8];
assign r_data = bgr_data[7:0];
always@ (negedge iVGA_CLK)
begin
  oHS < = cHS;
  oVS < = cVS;
  oBLANK_n < = cBLANK_n;
end
endmodule
```

顶层实体：

```
module DE2_115_Default
/******************************************/
(CLOCK_50,CLOCK2_50,VGA_B,VGA_BLANK_N,VGA_CLK,VGA_G,VGA_HS,
VGA_R,VGA_SYNC_N,VGA_VS);
input   CLOCK_50, CLOCK2_50;
output  [7:0]VGA_B,VGA_G,VGA_R;
output  VGA_BLANK_N, VGA_SYNC_N;
output  VGA_CLK;
output  VGA_HS,VGA_VS
wire    mVGA_CLK;
wire    [9:0]   mRed, mGreen, mBlue;
wire    VGA_Read;
wire    [9:0] recon_VGA_R,recon_VGA_G,recon_VGA_B;
Reset_Delay  r0 (.iCLK(CLOCK_50),.oRESET(DLY_RST)   );
VGA_Audio_PLL
p1(.areset( ~DLY_RST),.inclk0(CLOCK2_50),.c0(VGA_CTRL_CLK),.c1(AUD_
CTRL_CLK),.c2(mVGA_CLK)   );
assign VGA_CLK = VGA_CTRL_CLK;
vga_controller vga_ins(.iRST_n(DLY_RST),.iVGA_CLK(VGA_CTRL_CLK),.
oBLANK_n(VGA_BLANK_N),.oHS(VGA_HS),.oVS(VGA_VS),.b_data(VGA_
B),.g_data(VGA_G),.r_data(VGA_R));
endmodule
```

程序说明:

(1)本设计需要驱动的 VGA 模式为 $640 \times 480@60$,该模式的参数如表 5 - 15 所示,扫描控制信号的生成由 video_sync_generator 模块完成。其中 h_cnt 主要对行像素点进行 $0 \sim 799$ 的计数,v_cnt 主要对列像素点 $0 \sim 524$ 的计数,当行像素点在 $143 \sim 783$ 之间且列像素点在 $24 \sim 514$ 之间时,VGA 显示器正常工作。

(2)该设计完成的是彩色图像的静态显示,图像信息的存储采用了两个模块,即 img_index 和 img_data。其中 img_index 存储的是彩色图像三基色的基本色素信息(共 24 位数据),img_data 存储的是每一点图像所对应的三基色的地址。两个模块都先将数据信息存储在".mif"格式文件中,再利用 MegaWizard Plug - In Manger 生成 ROM 文件,将图像的数据信息存入 ROM。最终将生成的 ROM 模块转换成 Verilog HDL 文本。

(3)VGA_Audio 为锁相环电路,可以对系统时钟信号进行分频和倍频。在本设计中锁相环完成对输入时钟信号进行二分频。锁相环设置的步骤如下:

第一步:单击"Tools\MegaWizard Plug - In Manger",在弹出的对话框中选择第一项,以建立一个新的用户自定义的 Megafunction。

第二步:点击"Next"按钮之后,选择列表框中的"ALTPLL"并指定锁相环的输出文件名称,如图 5 - 12 所示。

第三步:如图 5 - 13 所示,指定器件类型和速度等级,并设置锁相环的输入频率,此处选择50 MHz。

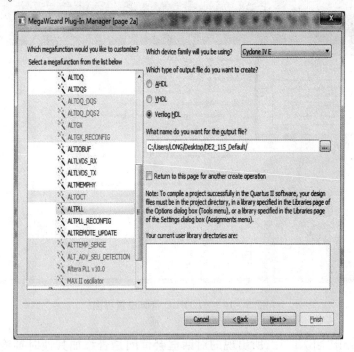

图 5 - 12　ALTPLL 参数设置界面(一)

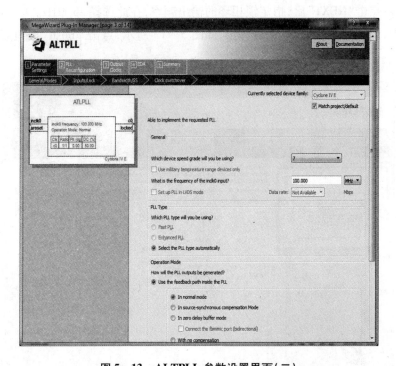

图 5 - 13　ALTPLL 参数设置界面(二)

第四步:点击"NEXT"后,指定锁相环的其他控制引脚,这里我们不使用其他控制引脚,所以取消所有选项,如图 5 – 14 所示。

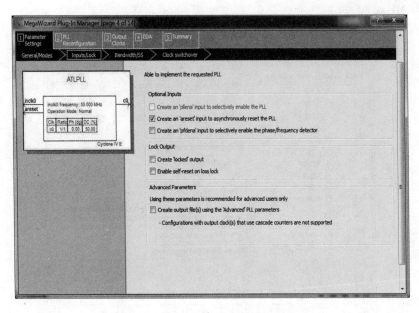

图 5 – 14　ALTPLL 管脚设置界面

第五步:点击"NEXT"后,所出现的对话框会询问是否添加其他时钟输入端,这里我们只对一个时钟进行分频,所以不选择其他时钟。

第六步:点击"NEXT"后,指定锁相环的输出频率,在此选择 25 MHz。

第七步:点击"NEXT"直到最后一步,如图 5 – 15 所示,点击"finish"按钮完成锁相环的制作。

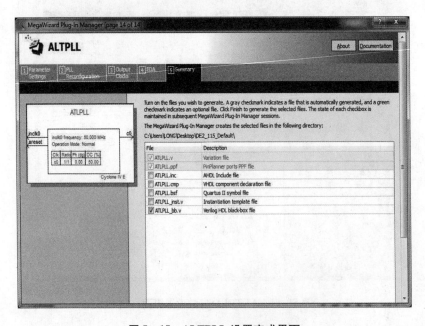

图 5 – 15　ALTPLL 设置完成界面

DE2 –115 引脚设定如图 5 –16 所示。

Node Name	Direction	Location	I/O Bank	VREF Group	I/O Standard	Reserved
CLOCK2_50	Input	PIN_AG14	3	B3_N0	3.3-V LVTTL	
CLOCK_50	Input	PIN_Y2	2	B2_N0	3.3-V LVTTL	
VGA_B[7]	Output	PIN_D12	8	B8_N0	3.3-V LVTTL	
VGA_B[6]	Output	PIN_D11	8	B8_N0	3.3-V LVTTL	
VGA_B[5]	Output	PIN_C12	8	B8_N0	3.3-V LVTTL	
VGA_B[4]	Output	PIN_A11	8	B8_N0	3.3-V LVTTL	
VGA_B[3]	Output	PIN_B11	8	B8_N0	3.3-V LVTTL	
VGA_B[2]	Output	PIN_C11	8	B8_N1	3.3-V LVTTL	
VGA_B[1]	Output	PIN_A10	8	B8_N0	3.3-V LVTTL	
VGA_B[0]	Output	PIN_B10	8	B8_N0	3.3-V LVTTL	
VGA_BLANK_N	Output	PIN_F11	8	B8_N1	3.3-V LVTTL	
VGA_CLK	Output	PIN_A12	8	B8_N0	3.3-V LVTTL	
VGA_G[7]	Output	PIN_C9	8	B8_N1	3.3-V LVTTL	
VGA_G[6]	Output	PIN_F10	8	B8_N1	3.3-V LVTTL	
VGA_G[5]	Output	PIN_B8	8	B8_N1	3.3-V LVTTL	
VGA_G[4]	Output	PIN_C8	8	B8_N1	3.3-V LVTTL	
VGA_G[3]	Output	PIN_H12	8	B8_N1	3.3-V LVTTL	
VGA_G[2]	Output	PIN_F8	8	B8_N2	3.3-V LVTTL	
VGA_G[1]	Output	PIN_G11	8	B8_N1	3.3-V LVTTL	
VGA_G[0]	Output	PIN_G8	8	B8_N2	3.3-V LVTTL	
VGA_HS	Output	PIN_G13	8	B8_N0	3.3-V LVTTL	
VGA_R[7]	Output	PIN_H10	8	B8_N1	3.3-V LVTTL	
VGA_R[6]	Output	PIN_H8	8	B8_N2	3.3-V LVTTL	
VGA_R[5]	Output	PIN_J12	8	B8_N0	3.3-V LVTTL	
VGA_R[4]	Output	PIN_G10	8	B8_N1	3.3-V LVTTL	
VGA_R[3]	Output	PIN_F12	8	B8_N1	3.3-V LVTTL	
VGA_R[2]	Output	PIN_D10	8	B8_N1	3.3-V LVTTL	
VGA_R[1]	Output	PIN_E11	8	B8_N1	3.3-V LVTTL	
VGA_R[0]	Output	PIN_E12	8	B8_N1	3.3-V LVTTL	
VGA_SYNC_N	Output	PIN_C10	8	B8_N0	3.3-V LVTTL	
VGA_VS	Output	PIN_C13	8	B8_N0	3.3-V LVTTL	

图 5 –16　DE2 –115 引脚

第 6 章

EDA 设计实例训练项目

6.1　交通灯控制器设计

6.1.1　设计要求

(1)十字交叉路口 A 支路和 B 支路各设有一个绿灯、黄灯、红灯、左转弯指示灯,两个数码管显示器。

(2)A 支路和 B 支路的车交替通过,在每次由绿灯亮向红灯亮的状态转换过程中,要有 5 s 黄灯亮作为过渡。整体交通灯控制过程为①A 支路红灯亮 45 s,在此时间内,B 支路绿灯亮 25 s,左转灯亮 15 s,黄灯亮 5 s;②B 支路红灯亮 45 s,在此时间内,A 支路绿灯亮 25 s,左转灯亮 15 s,黄灯亮 5 s;③A 支路和 B 支路交通灯循环交替亮。

(3)采用数码管倒计时显示。

6.1.2　系统设计方案

根据设计要求分析该设计系统可以由 6 个模块构成,如图 6 - 1 所示。

图 6 - 1 中 6 个单元电路分别为 div_clk:根据设计系统的要求需将 50 MHz 的频率分成 1Hz,用于控制交通灯的状态转换和秒倒计时;jtd:用于设定交通灯各状态显示的初始值、交通灯的状态转换及交通灯的倒计时减法运算;SEG7:用于数码管显示译码。

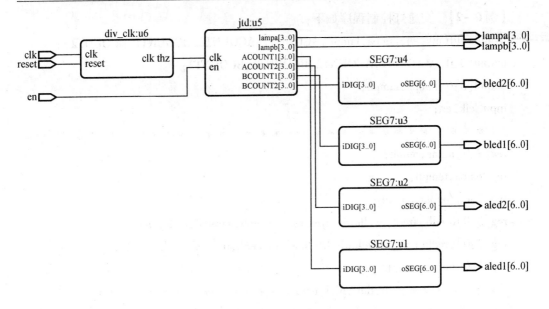

图 6 – 1　交通控制器的内部逻辑结构原理图

6.1.3　交通灯控制器 Verilog 代码分析

【例 6 – 1】　50 MHz 至 1 Hz 分频程序如下：

```
module div_clk(reset,clk,clk_1hz);
input   reset,clk;
output reg clk_1hz;
integer counter;
always @ (posedge clk or negedge reset)
begin
if(！reset)
begin counter < = 0;clk_1hz < = 0;end
else
    begin
        if(counter = = 24999999)
        begin counter < = 0;clk_1hz < = ~ clk_1hz;end
        else counter < = counter + 1;
    end
end
endmodule
```

程序说明：这是一个偶分频的程序，对待分频的时钟信号触发计数器计数，当计数器从 0 计数到 $N/2 - 1$ 时，输出时钟 clk_1hz 进行翻转从而生成占空比为 50% 的信号，计数器 counter 清零，使得下一个时钟从 0 开始计数。以此循环下去。

【例 6 - 2】 交通灯控制程序如下：

```
module jtd(clk,en,lampa,lampb,ACOUNT1,ACOUNT2,BCOUNT1,BCOUNT2);
output[3:0]ACOUNT1,ACOUNT2,BCOUNT1,BCOUNT2;
output[3:0]lampa,lampb;
input clk,en;
/*************************************/
reg[7:0]numa,numb;
reg tempa,tempb;
reg[2:0]counta,countb;
reg[3:0]aredh,aredl,ayellowh,ayellowl,agreenh,agreenl,alefth,aleftl;
reg[3:0]bredh,bredl,byellowh,byellowl,bgreenh,bgreenl,blefth,bleftl;
reg[3:0]lampa,lampb;
/********* Initialization data ***************/
always @ (en)
if(! en)
begin
    aredh[3:0] < =4'd4;aredl[3:0] < =4'd5;
    ayellowh[3:0] < =4'd0;ayellowl[3:0] < =4'd5;
    agreenh[3:0] < =4'd2;agreenl[3:0] < =4'd5;
    alefth[3:0] < =4'd1;aleftl[3:0] < =4'd5;
    bredh[3:0] < =4'd4;bredl[3:0] < =4'd5;
    byellowh[3:0] < =4'd0;byellowl[3:0] < =4'd5;
    bgreenh[3:0] < =4'd2;bgreenl[3:0] < =4'd5;
    blefth[3:0] < =4'd1;bleftl[3:0] < =4'd5;
end
/*********** A direction control *************/
always @ (posedge clk)
begin
if(en)
begin
if(! tempa)
    begin
    tempa < =1;
    case(counta)
    3'b000: begin numa[7:4] < = agreenh;numa[3:0] < = agreenl;lampa < =2;counta
     < =001;end
    3'b001: begin numa[7:4] < = alefth;numa[3:0] < = aleftl;lampa < =1;counta < =
```

```
010;end
3'b010: begin numa[7:4] < = ayellowh;numa[3:0] < = ayellowl;lampa < = 4;coun-
ta < = 100;end
3'b100: begin numa[7:4] < = aredh;numa[3:0] < = aredl;lampa < = 8;counta < =
000;end
default: lampa < = 8;
endcase
end
else
begin
  if(numa > 1)
    if(numa[3:0] = = 0)
      begin
      numa[3:0] < = 4'b1001;
      numa[7:4] < = numa[7:4] - 1;
      end
    else numa[3:0] < = numa[3:0] - 1;
  if(numa = = 2) tempa < = 0;
  end
  end
else
begin
  lampa < = 4'b1000;
  counta < = 0;tempa < = 0;
end
end
end
/* * * * * * * * * * * * B direction control * * * * * * * * * * * * * * */
always @ (posedge clk)
begin
  if(en)
  begin
    if(! tempb)
    begin
      tempb < = 1;
      case(countb)
      3'b000: begin numb[7:4] < = bredh;numb[3:0] < = bredl;lampb < = 8;
      countb < = 001;end
```

```
          3'b001: begin numb[7:4] < = bgreenh; numb[3:0] < = bgreenl; lampb < = 2;
          countb < = 010; end
          3'b010: begin numb[7:4] < = blefth; numb[3:0] < = bleftl; lampb < = 1;
          countb < = 100; end
          3'b100: begin numb[7:4] < = byellowh; numb[3:0] < = byellowl; lampb < = 4;
          countb < = 000; end
          default: lampb < = 8;
          endcase
      end
      else
      begin
        if( numb > 1)
          if( ! numb[3:0])
          begin
          numb[3:0] < = 4'b1001;
          numb[7:4] < = numb[7:4] - 1;
      end
      else numb[3:0] < = numb[3:0] - 1;
        if( numb = = 2) tempb < = 0;
        end
      end
      else
      begin
        lampb < = 4'b1000;
        tempb < = 0; countb < = 0;
      end
    end
/* * * * * * * * * * * * * * * * * * * * * * * * * * * * * * * * * * */
assign ACOUNT1 = numa[3:0];
assign ACOUNT2 = numa[7:4];
assign BCOUNT1 = numb[3:0];
assign BCOUNT2 = numb[7:4];
endmodule
```

程序说明:

(1)交通灯端口信号的定义及说明:clk 为同步时钟;en 为使能信号,为高电平时,控制器开始工作;lampa 控制 A 方向 4 盏灯的状态;lampb 控制 B 方向 4 盏灯的状态;ACOUNT1,ACOUNT2 用于 A 方向灯的时间显示,分别控制十位和个位数码管;

BCOUNT1,BCOUNT2 用于 B 方向灯的时间显示,分别控制十位和个位数码管。

(2)数据初始化(Initialization data)程序部分:设定 A 支路和 B 支路红、绿、黄、左转灯亮的时间分别为 45 s,25 s,5 s 和 15 s。在此需要两个数码管显示,设定了两个 4 位输出端口,每个 4 位端口进行倒计时均为十进制运算。

(3)A 支路控制(A direction control)程序部分:用于控制 A 支路 4 种状态转换,当使能时钟有效时,交通灯控制器开始工作。首先处于状态 000 时,A 方向绿灯亮,lampa 输出 0010,同时将 25 s 初始值分别赋值给计数器的 numa 的高四位和低四位,并对 25 s 进行倒计时,当计时器为 0 时转换到下一状态 001;处于状态 001 时,A 方向左转灯亮,lampa 输出 0001,同时将 15 s 初始值给计数器的 numa 的高四位和低四位,并对 15 s 进行倒计时,当计时器为 0 时转换到下一状态 010;处于状态 010 时,A 方向黄灯亮,lampa 输出 0100,同时将 5 s 初始值给计数器 numa,并对 5 s 进行倒计时,当计时器为 0 时转换到下一状态 100;处于状态 100 时,A 方向红灯亮,lampa 输出 1000,同时将 25 s 初始值给计数器 numa,并对 25 s 进行倒计时,当计时器为 0 时转换到下一状态 000,如此循环。在倒计时部分采用的 if 语句的嵌套,首先个位 numa[3:0]作减法运算,每当个位减为 0 时,十位 numa[7:4]作一次减一运算,从而实现十六进制到十进制的转换。

(4)B 支路控制(B direction control)程序部分与 A 支路原理相同,在此不做过多分析。

【例 6-3】　数码管驱动程序如下:

```
module SEG7 （oSEG,iDIG）;
input  [3:0]  iDIG;
output  [6:0]  oSEG;
reg  [6:0]  oSEG;
/**********************************/
always @ (iDIG)
begin
  case(iDIG)
  4'h1: oSEG = 7'b1111001;
  4'h2: oSEG = 7'b0100100;
  4'h3: oSEG = 7'b0110000;
  4'h4: oSEG = 7'b0011001;
  4'h5: oSEG = 7'b0010010;
  4'h6: oSEG = 7'b0000010;
  4'h7: oSEG = 7'b1111000;
  4'h8: oSEG = 7'b0000000;
  4'h9: oSEG = 7'b0011000;
  4'ha: oSEG = 7'b0001000;
  4'hb: oSEG = 7'b0000011;
  4'hc: oSEG = 7'b1000110;
  4'hd: oSEG = 7'b0100001;
```

```
4′he: oSEG = 7′b0000110;
4′hf: oSEG = 7′b0001110;
4′h0: oSEG = 7′b1000000;
    endcase
end
endmodule
```

【例 6 - 4】 顶层程序如下:

```
module ajtd(clk,reset,en,lampa,lampb,aled1,aled2,bled1,bled2);
input clk,en,reset;
output[6:0]aled1,aled2,bled1,bled2;
output[3:0]lampa,lampb;
/ * * * * * * * * * * * * * * * * * * * * * * * * * * * * * * * */
wire[3:0]aled1w,aled2w,bled1w,bled2w;
wire clk_1hz;
/ * * * * * * * * * * * * * * * * * * * * * * * * * * * * * * * */
SEG7    u1(.iDIG(aled1w),.oSEG(aled1));
SEG7    u2(.iDIG(aled2w),.oSEG(aled2));
SEG7    u3(.iDIG(bled1w),.oSEG(bled1));
SEG7    u4(.iDIG(bled2w),.oSEG(bled2));
jtd     u5(.clk(clk_1hz),.en(en),.lampa(lampa),.lampb(lampb),
            .ACOUNT1(aled1w),.ACOUNT2(aled2w),
            .BCOUNT1(bled1w),.BCOUNT2(bled2w));
div_clk u6(.reset(reset),.clk(clk),.clk_1hz(clk_1hz));
endmodule
```

6.1.4 仿真分析

分频器和数码管译码器在上一章已经详细介绍过,在此不做仿真分析,仅对交通灯的控制程序进行仿真验证。

从图 6 - 2 中可知,当 en = 1,有时钟信号输入时,无结果输出;当 en = 0 时,tampa = 1 000 即 A 支路红灯亮,tampb = 1 000 即 B 支路红灯亮,且状态一直保持;当 en = 1 时,交通灯正常工作,且计数器输出端正常计数。

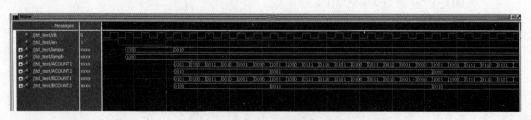

图 6 - 2　jtd 程序 Mutisim 仿真结果

6.1.5　硬件验证

将设计的系统下载到 DE2 – 115 实验开发系统,以验证设计的结果。引脚设定情况如图 6 – 3 所示。

Node Name	Direction	Location
aled1[6]	Output	PIN_H22
aled1[5]	Output	PIN_J22
aled1[4]	Output	PIN_L25
aled1[3]	Output	PIN_L26
aled1[2]	Output	PIN_E17
aled1[1]	Output	PIN_F22
aled1[0]	Output	PIN_G18
aled2[6]	Output	PIN_U24
aled2[5]	Output	PIN_U23
aled2[4]	Output	PIN_W25
aled2[3]	Output	PIN_W22
aled2[2]	Output	PIN_W21
aled2[1]	Output	PIN_Y22
aled2[0]	Output	PIN_M24
bled1[6]	Output	PIN_W28
bled1[5]	Output	PIN_W27
bled1[4]	Output	PIN_Y26
bled1[3]	Output	PIN_W26
bled1[2]	Output	PIN_Y25
bled1[1]	Output	PIN_AA26
bled1[0]	Output	PIN_AA25
bled2[6]	Output	PIN_Y19
bled2[5]	Output	PIN_AF23
bled2[4]	Output	PIN_AD24
bled2[3]	Output	PIN_AA21
bled2[2]	Output	PIN_AB20
bled2[1]	Output	PIN_U21
bled2[0]	Output	PIN_V21
clk	Input	PIN_Y2
en	Input	PIN_AB28
lampa[3]	Output	PIN_E24
lampa[2]	Output	PIN_E25
lampa[1]	Output	PIN_E22
lampa[0]	Output	PIN_E21
lampb[3]	Output	PIN_F21
lampb[2]	Output	PIN_E19
lampb[1]	Output	PIN_F19
lampb[0]	Output	PIN_G19
reset	Input	PIN_AC28
<<new node>>		

图 6 – 3　引脚配置

程序下载到 FPGA 后,首先将 reset 和 en 置为高电平(滑动开关向上),数码管 HEX4 ~ HEX0 显示"45 25",LEDR3(红灯)亮、LEDG1(绿灯)亮,交通灯进入正常控制状态。当 reset 置为低电平(滑动开关向下)时,数码管保持原值不变,LEDR3(红灯)亮,LEDG3(红灯)亮,当 reset 再次置为高电平时,数码管从"45 25",LED 从 LEDR3(红灯)

亮、LEDG1(绿灯)亮重新开始状态循环显示。当 en 置为低电平时,数码管和 LED 显示保持不变,当 en 再次置为高电平时,数码管和 LED 在保持的基础上继续显示。

6.1.6 扩展部分

读者可根据实际的设计需要扩展如下功能:
(1)外部输入交通灯控制时间;
(2)交通灯的可将红、绿、黄及左转弯显示改为箭头显示的形式;
(3)增加 LED 点阵用以显示动画的行人通行指示。

6.2 PWM 信号发生器设计

6.2.1 设计要求

(1)PWM 信号发生器有两种模式:模式 0 为占空比可调的,输出频率可调的,固定占空比输出的 PWM 信号;模式 1 为占空比按步进参数变化的,输出频率可调的变化占空比输出的 PWM 信号。
(2)PWM 信号的占空比可调节范围为 1% ~ 100%,占空比的步进精度可达到 0.5%。
(3)PWM 信号的频率可调节。

6.2.2 系统设计方案

根据设计要求分析该设计系统可以由 3 个模块构成,如图 6 - 4 所示。

图 6 - 4 中所示的 3 个单元电路每部分功能如下:

(1)pll 为锁相环电路,用于将晶振频率 50 MHz 分频为 20 MHz,提供给 PWM 生成器用于计数。在此使用锁相环是为使外围时钟信号更加稳定,减少误差。

(2)pwm_generation 中包括 ROM 存储单元,该存储单元存储的数据为三角波的波形幅度值。幅度范围为 0 ~ 1 000,步进为 5。共计 400 个存储单元。通过计数器调整输入地址,得到不同的三角波的幅度值,其中包括两种模式。模式 0 中 ROM 的地址根据输入的占空比选择固定值,读取固定的三角波幅度值,以实现占空比固定输出。模式 1 中计数器自动从 0 加到 399,计数步长可外围调节,从而得到 ROM 存储器的地址,以实现 ROM 存储单元中幅值的读取,最终实现占空比自动调节。同时 PWM 生成器中还包括分频器,以实现 PWM 信号的分频处理。

(3)compare 模块中包括计数器和比较器两部分,其中计数器实现 0 到 1 000 的循环计数;比较器实现 PWM 生成器输出的幅度值与计数器值的比较,当计数器的值小于幅度值时,输出为低电平,当计数器的值大于幅度值时,输出为高电平。

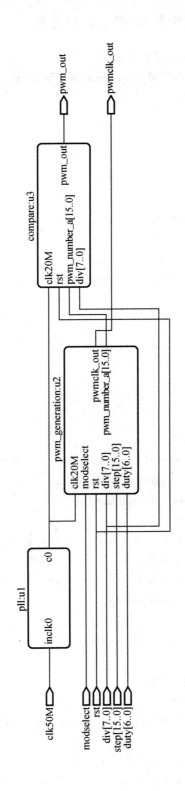

图6-4 PWM信号发生器原理图

6.2.3　PWM 信号发生器 Verilog 代码分析

【例 6 - 5】　PWM 信号发生器程序如下：

```verilog
module pwm_generation(clk20M,modselect,rst,div,step,duty,pwmclk_out,pwm_number-
ber_a);
    input clk20M,rst,modselect;
    input [7:0]div;
    input [15:0]step;
    input [6:0] duty;
    output pwmclk_out;
    output [15:0] pwm_number_a;
/* * * * * * * * * * * * * * * * * * * * * * * * * * * * * * * * */
    wire [15:0] pwm_number_uint_a;
    reg [15:0] pwm_number_buf_a,pwm_number_buf_a_shadow;
    reg [8:0] wave_cnt_a;
    reg [8:0] address;
    wire [15:0] q_buf;
    reg clk20k;
    reg pwmclk;
    reg [7:0] pwmclk_cnt;
    reg [3:0] data_state;
    reg [15:0] count;
/* * * * * * * * * * * * * * * * * * * * * * * * * * * * * * * * */
    assign pwm_number_uint_a = pwm_number_buf_a;
    assign pwm_number_a = pwm_number_uint_a;
    assign pwmclk_out = pwmclk;
/* * * * * * * * * * * * * * * * * * * * * * * * * * * * * * * * */
    wave u1(address,clk20M,q_buf);
/* * * * * * * * * * * * * * * * * * * * * * * * * * * * * * * * */
    always@(posedge clk20M,negedge rst)
    begin
        if(! rst) begin count < = 16′d0;clk20k < = 1′b0;end
        else if(clk20M)
            begin count < = count + 1′b1;
                if(count = = 16′d499) clk20k < = 1′b1;
                else if(count = = 16′d999) begin clk20k < = 1′b0;count < = 16′d0; end
            end
    end
/* * * * * * * * * * * * * * * * * * * * * * * * * * * * * * * * */
    always @(posedge clk20k,negedge rst)
    begin
```

```verilog
if ( ! rst) begin pwmclk < = 1'b0; pwmclk_cnt < = 8'b0; end
    else if( clk20k )
        begin
            pwmclk_cnt < = pwmclk_cnt + 1'b1;
            if ( pwmclk_cnt < div[7:1] )    pwmclk < = 1'b1;
            else
                begin   pwmclk < = 1'b0;
                if ( pwmclk_cnt = = div )    pwmclk_cnt < = 8'b0; end
        end
end
/* * * * * * * * * * * * * * * * * * * * * * * * * * * * * * * */
always @ ( posedge pwmclk, negedge rst )
begin
    if ( ! rst)    wave_cnt_a < = 9'd0;
    else if ( pwmclk )
        begin
            if   ( modselect )
                begin
                    if ( wave_cnt_a > = 9'd399 )    wave_cnt_a < = 9'd0;
                    else   wave_cnt_a < = wave_cnt_a + step;
                end
            else   wave_cnt_a < = { duty,1'b0 } ;
        end
end
/* * * * * * * * * * * * * * * * * * * * * * * * * * * * * * * */
always @ ( posedge clk20M, negedge rst )
begin
    if ( ! rst)    data_state < = 4'b0000;
        else if( clk20M )
        begin
            if ( pwmclk = = 1'b1 )
            case ( data_state )
            4'b0000: begin address < = wave_cnt_a;
            pwm_number_buf_a_shadow < = q_buf;
            data_state < = 4'b0001; end
            4'b0001: begin pwm_number_buf_a_shadow < = q_buf;
            data_state < = 4'b0000; end
            default: data_state < = 4'b0000;
            endcase
            else pwm_number_buf_a < = pwm_number_buf_a_shadow;
        end
```

```
end
endmodule
```

程序说明：

（1）程序中的 wave 为三角波发生器，主要利用 Mega Wizard Plug – In Manager 定制三角波信号数据 ROM 宏功能模块，并将波形数据加载于此 ROM 中。设计步骤为①建立三角波信号的数据文件（图 6 – 5），在"file"下选择"new"中的"Memory Initialization File"，输入 0 至 1 000 再从 1 000 至 0，步进为 5 共计 400 个数；②打开"Mega WizardPlug – In Manager"初始对话框，选择"Tools"中"Mega Wizard Plug – In Manager"命令，选中"Create a new custom megafunction variation"单选按钮，定制一个新的模块；③选择"Memory Compiler"项下的"ROM：1 – PORT"，再选择 CycloneIV E 器件系列和 VerilogHDL 语言方式，最后输入 ROM 文件存放的路径和文件名，选择 ROM 控制线、地址线和数据线（图 6 – 6、图 6 – 7）；④将三角波数据文件导入 ROM，如图 6 – 8 所示；⑤定制 ROM 的 VerilogHDL 程序。

Addr	+0	+1	+2	+3	+4	+5	+6	+7
0	0	5	10	15	20	25	30	35
8	40	45	50	55	60	65	70	75
16	80	85	90	95	100	105	110	115
24	120	125	130	135	140	145	150	155
32	160	165	170	175	180	185	190	195
40	200	205	210	215	220	225	230	235
48	240	245	250	255	260	265	270	275
56	280	285	290	295	300	305	310	315
64	320	325	330	335	340	345	350	355
72	360	365	370	375	380	385	390	395
80	400	405	410	415	420	425	430	435
88	440	445	450	455	460	465	470	475
96	480	485	490	495	500	505	510	515
104	520	525	530	535	540	545	550	555
112	560	565	570	575	580	585	590	595
120	600	605	610	615	620	625	630	635
128	640	645	650	655	660	665	670	675
136	680	685	690	695	700	705	710	715
144	720	725	730	735	740	745	750	755
152	760	765	770	775	780	785	790	795
160	800	805	810	815	820	825	830	835
168	840	845	850	855	860	865	870	875
176	880	885	890	895	900	905	910	915
184	920	925	930	935	940	945	950	955
192	960	965	970	975	980	985	990	995
200	1000	995	990	985	980	975	970	965
208	960	955	950	945	940	935	930	925
216	920	915	910	905	900	895	890	885
224	880	875	870	865	860	855	850	845
232	840	835	830	825	820	815	810	805
240	800	795	790	785	780	775	770	765
248	760	755	750	745	740	735	730	725
256	720	715	710	705	700	695	690	685
264	680	675	670	665	660	655	650	645

图 6 – 5　pwm. mif 文件数据表

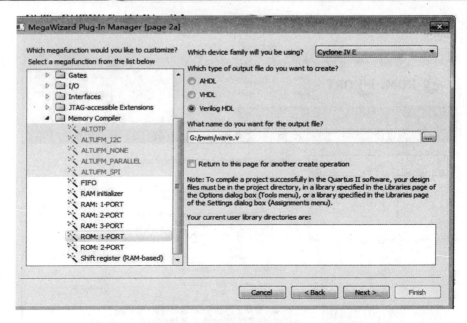

图 6 – 6　LPM 宏功能块设定

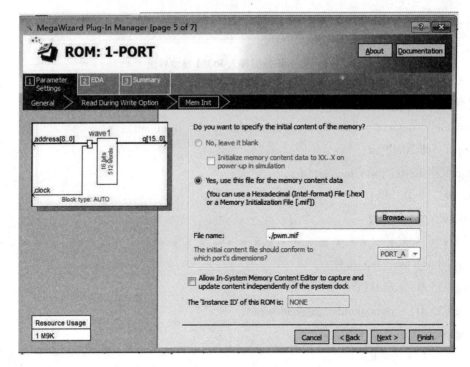

图 6 – 7　ROM 数据参数设定

（2）第二个 always 模块实现数控分频，div 为分频参数，如当 div = 5 时则实现对 20 kHz 的 5 分频，程序中判断；如果 pwmclk_cnt < div[7:1] 则 pwmclk < = 1′b1，否则 pwm-clk < = 1′b0。pwmclk_cnt 一直在实现 0 到 div 的计数。

（3）第三个 always 模块实现读数步长的选择，当 modselect 为 1 时，由时钟信号上升沿输入三角波数据地址加 step，从而实现变参数输出；当 modselect 为 0 时，三角波的数据地址为"duty * 2"从而实现固定参数输出。

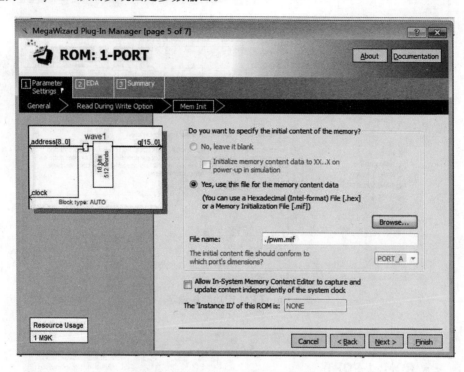

图 6-8　mif 数据导入 ROM 模块界面

【例 6-6】　比较器程序如下：

```
module    compare (clk20M,rst,pwm_number_a,div,pwm_out);
input    clk20M, rst;
input    [15:0] pwm_number_a ;
input    [7:0] div;
output    pwm_out;
/ * * * * * * * * * * * * * * * * * * * * * * * * * * * * * * * * * * * * /
reg [1:0] pwm_out_buf;
reg [15:0] count11;
reg [15:0]    pwm_number_a_shadow;
reg pwmclk;
reg [7:0] pwmclk_cnt;
/ * * * * * * * * * * * * * * * * * * * * * * * * * * * * * * * * * * * * /
assign pwm_out  = pwm_out_buf[0];
always @ (posedge clk20M,negedge rst)
begin
    if (! rst) begin pwmclk < = 1′b0;pwmclk_cnt < = 8′b0;end
    else if(clk20M)
```

```
    begin
        pwmclk_cnt < = pwmclk_cnt + 1′b1;
        if ( pwmclk_cnt < div[7:1] )    pwmclk  < = 1′b1;
        else
            begin   pwmclk  < = 1′b0;
                if ( pwmclk_cnt = = div )    pwmclk_cnt < = 8′b0;end
        end
    end
always@ ( pwmclk, pwm_number_a)
begin
    if (! rst) begin pwm_out_buf < = 2′b00;count11  < = 16′b0;end
    else if( pwmclk)
        begin
            if ( count11 < pwm_number_a_shadow )   pwm_out_buf[0] < = 1′b1;
            else   pwm_out_buf[0] < = 1′b0;
            if ( count11  < 999)   count11 < = count11 + 1′b1;
            else   begin count11 < = 16′h0; pwm_number_a_shadow  < = pwm_number_a;
    end
        end
end
endmodule
```

程序说明:compare 为比较器,其中 count11 实现 0~1 000 的计数。当 count11 的值小于三角波的输出值 pwm_number_a_shadow 时,输出的信号为 1;当 count11 的值大于三角波的输出值 pwm_number_a_shadow 时,输出的信号为 0;从而实现不同的占空比。

【例 6-7】　顶层程序如下:

```
module pwm ( clk50M, rst, modselect, div, step, duty, pwmclk_out, pwm_out);
input clk50M, rst, modselect;
input [7:0] div;
input [15:0] step;
input [6:0] duty;
output pwmclk_out;
output    pwm_out;
/* * * * * * * * * * * * * * * * * * * * * * * * * * * * * * * * */
wire [15:0] pwm_number_a;
wire clk20M;
/* * * * * * * * * * * * * * * * * * * * * * * * * * * * * * * * */
pll u1( clk50M, clk20M);
```

pwm_generation u2(clk20M,modselect,rst,div,step,duty,pwmclk_out,pwm_number_a);

compare u3(clk20M,rst,pwm_number_a,div,pwm_out);

endmodule

6.2.4　仿真分析

如图 6-9 所示,当时钟信号上升沿时,可读出 wave ROM 文件中 address 地址所存储的数据。根据仿真结果可知与 pwm.mif 存储的数据结果一致。

图 6-9　wave 程序 Mutisim 仿真结果

如图 6-10 所示,duty 的数值为 15,div 分频的值为 4,即实现对 20 kHz 实现 4 分频(5 kHz)。此时,modselect 为 1,表示此时占空比连续可调。由于 step 值为 2,因此 ROM 表中输出数值如图 6-5 所示,一次增加 5×2=10。

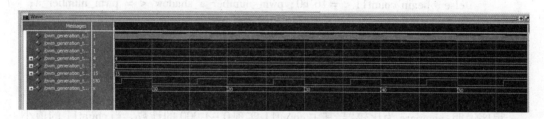

图 6-10　pwm_generation 程序 Mutisim 仿真结果 1

如图 6-11 所示,duty 给出数值为 15,由于要到 ROM 表中读取数值 15×2=30,则 ROM 表中 30 对应的数值为 150。由于 ROM 表中给出的最高数值为 1 000,所以此时占空比为 150/1 000。div 给出数值为 4,表示要进行 4 分频,step 步长为 2,如图 6-11 所示 modselect 为 0,当模式选择为 0 的时候可外部设定占空比。

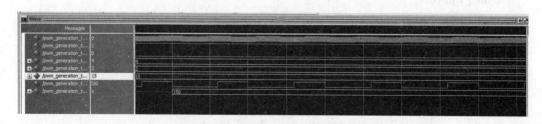

图 6-11　pwm_generation 程序 Mutisim 仿真结果 2

如图 6-12 所示,modselect 设置为 1,step 设置为 4,因此该仿真输出的 PWM 信号占空比的步进为 2%,自动调节输出。

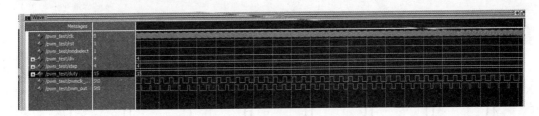

图 6-12　pwm 程序 Mutisim 仿真结果 1

如图 6-13 所示, modselect 设置为 0, duty 设置为 15, 因此该仿真输出的 PWM 信号占空比为 15% 的信号。

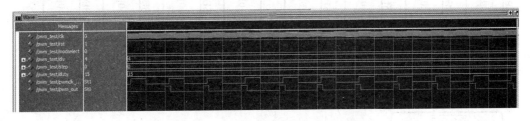

图 6-13　pwm 程序 Mutisim 仿真结果 2

6.3　多功能数字电子钟设计

6.3.1　设计要求

(1)计时功能:以 24 小时为一个周期,同时实现小时、分钟、秒钟的计时。

(2)定时功能:可以设定定时闹钟,设定闹钟的小时和分钟。

(3)校时功能:可根据当前的准确时间对电子钟的小时和分钟进行手动校准。通过外置按键选择当前校对的是小时还是分钟,再进行小时或分钟的校准。

(4)整点报时功能:当时间达到整点时,利用蜂鸣器实现整点报时。

(5)采用数码管显示时间。

6.3.2　系统设计方案

根据设计要求分析该设计系统由 11 个模块构成,如图 6-14 所示。

图 6-14 中 11 个单元电路分别为 divf:根据设计系统的要求需将 50 MHz 的频率分成 1 kHz 和 100 Hz,用于按键控制和数字电子钟计时;key_control:用于设定模式和数字电子钟计时;SEG7:用于数码管显示译码,用于显示小时、分钟、秒以及百分秒共计 8 个数码管显示译码模块。

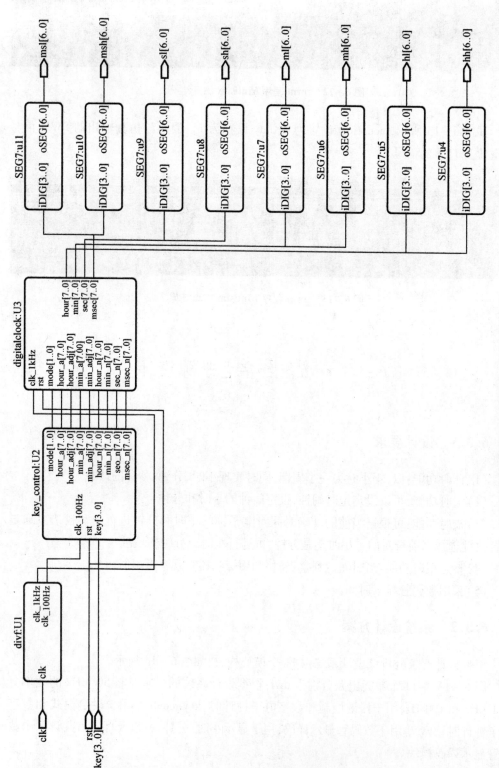

图6-14 多功能数字电子钟的内部逻辑结构原理图

6.3.3　多功能数字电子钟 Verilog 代码分析

【例 6 - 8】　50 MHz 至 1 kHz 及 50 MHz 至 100 Hz 分频程序如下:

```verilog
module divf_digitalclk(clk,clk_1kHz,clk_100Hz);
input clk;
output clk_100Hz,clk_1kHz;
reg clk_100Hz,clk_1kHz;
integer p,q;
always @ (posedge clk)
begin
  if(p = =250000 - 1)begin p = 0;clk_100Hz = ~ clk_100Hz;end
  else p = p + 1;
  if(q = =25000 - 1)begin q = 0;clk_1kHz = ~ clk_1kHz;end
  else q = q + 1;
end
endmodule
```

【例 6 - 9】　按键控制及电子钟计时设计程序如下:

```verilog
module key_control
(clk_100Hz,rst,key,mode, hour_a,hour_adj,min_a,min_adj,hour_n,min_n,sec_n,
msec_n);
input clk_100Hz,rst;
input[3:0] key;
output reg[1:0] mode;
output reg[7:0] hour_a,hour_adj,min_a,min_adj,hour_n,min_n,sec_n,msec_n;
/* * * * * * * * * * * * * * * * * * * * * * * * * * * * * * * * */
reg mode_hm;
reg clk_2Hz,secclk,minclk,hclk;
reg [3:0] key_temp,key_temp0;
/* * * * * * * * * * * * * * * * * * * * * * * * * * * * * * * * */
always @ (negedge rst,posedge clk_100Hz)
if(! rst)
  begin
  mode < =0;hour_a < =0;hour_adj < =0;min_a < =0;min_adj < =0;
  end
else
```

```
begin
key_temp < = key_temp0;key_temp0 < = key;
if((key_temp = = key_temp0)&&(key_temp0! = key))
  if(key_temp[0] = =0)
    if(mode > =2) mode < =0; else mode < = mode +1'b1;
  else if(key_temp[1] = =0)
        mode_hm < = mode_hm +1'b1;
  else if(key_temp[2] = =0)
    if(mode = =1)
      if(mode_hm)
        if(min_a = =8'h59)begin min_a < =0;end
        else if(min_a[3:0] = =9)
              begin min_a[3:0] < =0;min_a[7:4] < = min_a[7:4] +1'b1;end
              else begin min_a[3:0] < = min_a[3:0] +1'b1;end
        else
              if(hour_a = =8'h23) hour_a < =0;
              else if(hour_a[3:0] = =9)
                    begin hour_a[3:0] < =0;hour_a[7:4] < = hour_a[7:4] +1'b1;end
                    else hour_a[3:0] < = hour_a[3:0] +1'b1;
    else if(mode = =2)
      if(mode_hm)
        if(min_adj = =8'h59)begin min_adj < =0;end
        else if(min_adj[3:0] = =9)
              begin min_adj[3:0] < =0;min_adj[7:4] < = min_adj[7:4] +1'b1;end
              else begin min_adj[3:0] < = min_adj[3:0] +1'b1;end
        else
          if(hour_adj = =8'h23)hour_adj < =0;
          else if(hour_adj[3:0] = =9)
                begin hour_adj[3:0] < =0;hour_adj[7:4] < = hour_adj[7:4] +1'b1;end
                else hour_adj[3:0] < = hour_adj[3:0] +1'b1;
end
/*********************************************/
```

```verilog
always @ ( negedge rst, posedge clk_100Hz)
if( ！ rst) msec_n < =0;
else if( ！ ( msec_n^8'h99) )
        begin msec_n < =0; secclk < =1; end
    else
      begin
       if( msec_n[3:0] = =4'b1001)
         begin msec_n[3:0] < =4'b0000; msec_n[7:4] < = msec_n[7:4] +1'b1;
end
        else
         begin msec_n[3:0] < = msec_n[3:0] +1'b1; secclk < =0; end
      end
/ * * * * * * * * * * * * * * * * * * * * * * * * * * * * * * * * * */
always @ ( negedge rst, posedge secclk)
if( ！ rst) sec_n < =0;
else if( ！ ( sec_n^8'h59) )
        begin sec_n < =0; minclk < =1; end
      else if( sec_n[3:0] = =4'b1001)
            begin sec_n[3:0] < =4'b0000; sec_n[7:4] < = sec_n[7:4] +1'b1; end
            else begin sec_n[3:0] < = sec_n[3:0] +1'b1; minclk < =0; end
/ * * * * * * * * * * * * * * * * * * * * * * * * * * * * * * * * * */
always @ ( negedge rst, posedge minclk)
begin
if( ！ rst) min_n < =0;
else begin if( mode = =2) min_n < = min_adj;
          else
            begin if( min_n = =8'h59) begin min_n < =0; hclk < =1; end
                else if( min_n[3:0] = =9)
                    begin min_n[3:0] < =0; min_n[7:4] < = min_n[7:4] +1'b1;
end
                else begin min_n[3:0] < = min_n[3:0] +1'b1; hclk < =0; end
          end
      end
end
/ * * * * * * * * * * * * * * * * * * * * * * * * * * * * * * * * * */
```

```
always @ ( negedge rst,posedge hclk)
begin
if( ! rst) hour_n < = 0;
else if( mode = = 2) hour_n < = hour_adj;
    else
    begin
        if( hour_n = = 8′h23) hour_n < = 0;
        else if( hour_n[3:0] = = 9)
                begin hour_n[3:0] < = 0;hour_n[7:4] < = hour_n[7:4] + 1′b1;end
                else hour_n[3:0] < = hour_n[3:0] + 1′b1;
    end
end
endmodule
```

程序说明:

(1)利用 key 按键产生工作模式,设定闹钟定时、校准时间等。工作模式由 mode 来存储,mode 为 0 时为计时模式,mode 为 1 时为闹钟模式,mode 为 2 时为校准模式。

(2)程序中利用"key_temp < = key_temp0;""key_temp0 < = key;"两条语句实现了按键去抖。

(3)程序中以百分秒为例:

```
if( sec_n[3:0] = = 4′b1001)
    begin sec_n[3:0] < = 4′b0000;sec_n[7:4] < = sec_n[7:4] + 1′b1;end
else
    begin sec_n[3:0] < = sec_n[3:0] + 1′b1;minclk < = 0;end
```

利用 if 语句的嵌套实现了百进制的 BCD 码转换程序。

【例 6 - 10】 模式设定程序如下:

```
module
digitalclock( clk_1kHz,rst,mode,hour_a,hour_adj,min_a,min_adj,hour_n,min_n,sec_
n,msec_n,hour,min,sec,msec);
    input clk_1kHz,rst;
    input[1:0] mode;
    input[7:0] hour_a,hour_adj,min_a,min_adj,hour_n,min_n,sec_n,msec_n;
    output reg[7:0] hour,min,sec,msec;
    always @ ( posedge clk_1kHz)
    begin
        if( mode = = 0)
```

```
        begin hour < = hour_n;min < = min_n;sec < = sec_n;msec < = msec_n;end
    else if( mode = = 1)
        begin hour < = hour_a;min < = min_a;sec < = 0;msec < = 0;end
    else if( mode = = 2)
        begin hour < = hour_adj;min < = min_adj;sec < = 0;msec < = 0;end
end
endmodule
```

程序说明:根据 mode 模式,设定输出信号 mode = 0 时输出为正常的计时时钟,mode = 1 时输出显示为闹钟时钟,mode = 2 时输出为校准时钟。

【例 6 - 11】　顶层文件程序如下:

```
module digitalclock_top( clk,rst,key,hh,hl,mh,ml,sh,sl,msh,msl);
input clk,rst;
input[3:0] key;
output [6:0]hh,hl,mh,ml,sh,sl,msh,msl;
wire clk_100Hz,clk_1kHz;
wire[1:0] mode;
wire[7:0] hour_a,hour_adj,min_a,min_adj,hour_n,min_n,sec_n,msec_n;
wire[7:0] hour,min,sec,msec;
divf u1( clk,clk_1kHz,clk_100Hz);
key_control u2( clk_100Hz,rst,key,mode,hour_a,hour_adj,min_a,min_adj,hour_n,
min_n,sec_n,msec_n);
digitalclock u3( clk_1kHz,rst,mode,hour_a,hour_adj,min_a,min_adj,hour_n,min_n,
sec_n,msec_n,hour,min,sec,msec);
SEG7   u4( hh,hour[7:4]);
SEG7   u5( hl,hour[3:0]);
SEG7   u6( mh,min[7:4]);
SEG7   u7( ml,min[3:0]);
SEG7   u8( sh,sec[7:4]);
SEG7   u9( sl,sec[3:0]);
SEG7   u10( msh,msec[7:4]);
SEG7   u11( msl,msec[3:0]);
Endmodule
```

6.3.4　硬件验证

将设计的系统下载到 DE2 - 115 实验开发系统中,以验证设计的结果。引脚设定情

51 单片机与 FPGA 课程设计教程

况如图 6 - 15 所示。

Node Name	Direction	Location	I/O Bank	VREF Group	I/O Standard	Reserved
clk	Input	PIN_Y2	2	B2_N0	2.5 V (default)	
hh[6]	Output	PIN_AA14	3	B3_N0	2.5 V (default)	
hh[5]	Output	PIN_AG18	4	B4_N2	2.5 V (default)	
hh[4]	Output	PIN_AF17	4	B4_N2	2.5 V (default)	
hh[3]	Output	PIN_AH17	4	B4_N2	2.5 V (default)	
hh[2]	Output	PIN_AG17	4	B4_N2	2.5 V (default)	
hh[1]	Output	PIN_AE17	4	B4_N2	2.5 V (default)	
hh[0]	Output	PIN_AD17	4	B4_N2	2.5 V (default)	
hl[6]	Output	PIN_AC17	4	B4_N2	2.5 V (default)	
hl[5]	Output	PIN_AA15	4	B4_N2	2.5 V (default)	
hl[4]	Output	PIN_AB15	4	B4_N2	2.5 V (default)	
hl[3]	Output	PIN_AB17	4	B4_N1	2.5 V (default)	
hl[2]	Output	PIN_AA16	4	B4_N2	2.5 V (default)	
hl[1]	Output	PIN_AB16	4	B4_N2	2.5 V (default)	
hl[0]	Output	PIN_AA17	4	B4_N1	2.5 V (default)	
key[3]	Input	PIN_R24	5	B5_N0	2.5 V (default)	
key[2]	Input	PIN_N21	6	B6_N2	2.5 V (default)	
key[1]	Input	PIN_M21	6	B6_N1	2.5 V (default)	
key[0]	Input	PIN_M23	6	B6_N2	2.5 V (default)	
mh[6]	Output	PIN_AH18	4	B4_N2	2.5 V (default)	
mh[5]	Output	PIN_AF18	4	B4_N1	2.5 V (default)	
mh[4]	Output	PIN_AG19	4	B4_N2	2.5 V (default)	
mh[3]	Output	PIN_AH19	4	B4_N2	2.5 V (default)	
mh[2]	Output	PIN_AB18	4	B4_N0	2.5 V (default)	
mh[1]	Output	PIN_AC18	4	B4_N1	2.5 V (default)	
mh[0]	Output	PIN_AD18	4	B4_N1	2.5 V (default)	
ml[6]	Output	PIN_AE18	4	B4_N2	2.5 V (default)	
ml[5]	Output	PIN_AF19	4	B4_N1	2.5 V (default)	
ml[4]	Output	PIN_AE19	4	B4_N1	2.5 V (default)	
ml[3]	Output	PIN_AH21	4	B4_N2	2.5 V (default)	
ml[2]	Output	PIN_AG21	4	B4_N2	2.5 V (default)	
ml[1]	Output	PIN_AA19	4	B4_N0	2.5 V (default)	
ml[0]	Output	PIN_AB19	4	B4_N0	2.5 V (default)	
msh[6]	Output	PIN_U24	5	B5_N0	2.5 V (default)	
msh[5]	Output	PIN_U23	5	B5_N1	2.5 V (default)	
msh[4]	Output	PIN_W25	5	B5_N1	2.5 V (default)	
msh[3]	Output	PIN_W22	5	B5_N0	2.5 V (default)	
msh[2]	Output	PIN_W21	5	B5_N1	2.5 V (default)	
msh[1]	Output	PIN_Y22	5	B5_N0	2.5 V (default)	
msh[0]	Output	PIN_M24	6	B6_N2	2.5 V (default)	
msl[6]	Output	PIN_H22	6	B6_N0	2.5 V (default)	
msl[5]	Output	PIN_J22	6	B6_N0	2.5 V (default)	
msh[0]	Output	PIN_M24	6	B6_N2	2.5 V (default)	
msl[6]	Output	PIN_H22	6	B6_N0	2.5 V (default)	
msl[5]	Output	PIN_J22	6	B6_N0	2.5 V (default)	
msl[4]	Output	PIN_L25	6	B6_N1	2.5 V (default)	
msl[3]	Output	PIN_L26	6	B6_N1	2.5 V (default)	
msl[2]	Output	PIN_E17	7	B7_N2	2.5 V (default)	
msl[1]	Output	PIN_F22	7	B7_N0	2.5 V (default)	
msl[0]	Output	PIN_G18	7	B7_N2	2.5 V (default)	
rst	Input	PIN_AB28	5	B5_N1	2.5 V (default)	
sh[6]	Output	PIN_Y19	4	B4_N0	2.5 V (default)	
sh[5]	Output	PIN_AF23	4	B4_N0	2.5 V (default)	
sh[4]	Output	PIN_AD24	4	B4_N0	2.5 V (default)	
sh[3]	Output	PIN_AA21	4	B4_N0	2.5 V (default)	
sh[2]	Output	PIN_AB20	4	B4_N0	2.5 V (default)	
sh[1]	Output	PIN_U21	5	B5_N0	2.5 V (default)	
sh[0]	Output	PIN_V21	5	B5_N1	2.5 V (default)	
sl[6]	Output	PIN_W28	5	B5_N1	2.5 V (default)	
sl[5]	Output	PIN_W27	5	B5_N1	2.5 V (default)	
sl[4]	Output	PIN_Y26	5	B5_N1	2.5 V (default)	
sl[3]	Output	PIN_W26	5	B5_N1	2.5 V (default)	
sl[2]	Output	PIN_Y25	5	B5_N1	2.5 V (default)	
sl[1]	Output	PIN_AA26	5	B5_N1	2.5 V (default)	
sl[0]	Output	PIN_AA25	5	B5_N1	2.5 V (default)	

图 6 - 15   引脚配置

6.3.5　扩展部分

读者可根据实际的设计需要扩展如下功能:

(1)输出可以利用 LCD 显示;

(2)可以扩展功能,例如设置秒倒计时等。

6.4　频率计设计

6.4.1　设计要求

(1)测量信号的频率,测量范围 1~9 999 Hz,采用 4 个数码管显示;

(2)每次测量不需要复位,4 s 测量一次,其中 1 s 用于测量,3 s 用于显示。

6.4.2　系统设计方案

根据设计要求分析该设计系统可以由 6 个模块构成,如图 6 - 16 所示

图中 9 个单元电路分别为 div:根据设计系统的要求需将 50 MHz 的频率分成 190 Hz 和 1 Hz,用于频率计的检测模块和显示模块;test:用于检测频率的模块;4 个 SEG7 用于数码管显示译码;Signal:信号产生模块,可以通过按键设置不同的频率信号; process:4 个数码管,用于个、十、百、千位的数据输出;debounce:消抖模块,用于按键消抖。

6.4.3　频率计 Verilog 代码分析

【例 6 - 12】　50 MHz 至 1 Hz 及 50 MHz 至 190 Hz 分频程序如下:

```verilog
module div(clk,rst,clk_190Hz,clkh_1s);
input clk,rst;
output clk_190Hz;
output reg clkh_1s;
reg[25:0] cnt;
always@(posedge clk or posedge rst)
begin
  if(rst)
   begin
   clkh_1s <= 0;
   cnt <= 0;
   end
  else
```

```
        begin
        if( cnt = = 24999999)
            begin
            cnt < = 0;
        clkh_1s < =  ~ clkh_1s;
            end
            else cnt < = cnt + 1;
        end
    end
assign clk_190Hz = cnt[17];
endmodule
```

程序说明:这是一个分频的程序,将 50 MHz 的系统时钟分频为 190 Hz 和 1 Hz 时钟。设置一个寄存器,以系统时钟为敏感信号不停加 1,当寄存器数值达到 24 999 999 时,寄存器清零,同时 clkh_1s 取反,即实现 1 Hz 的分频;同时寄存器的前 18 位即 cnt[17]会产生 190 Hz 的时钟信号。

【例 6 – 13】 按键消抖程序如下:

```
module debounce( clk_190Hz, key0, key_debounce) ;
input clk_190Hz;
input key0;
output key_debounce;
reg key_r, key_rr, key_rrr;
always@ ( posedge clk_190Hz)
begin
    key_rrr = key_rr;
    key_rr = key_r;
    key_r = key0;
end
assign key_debounce = key_r & key_rr & key_rrr;
endmodule
```

程序说明:使用 190 Hz 的时钟为按键检测提供时钟,该程序实现输入按键的消抖功能。

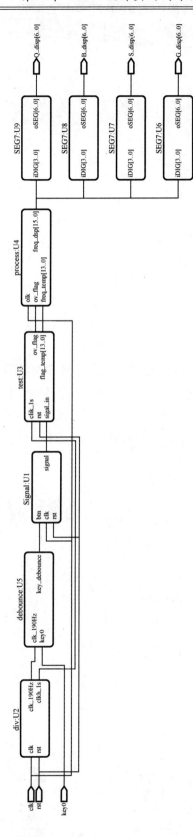

图6-16　频率计的内部逻辑结构原理图

【例 6-14】 信号产生程序如下:

```
module Signal(clk,rst,btn,signal);
input clk,rst,btn;
output signal;
reg[25:0] clkdiv;
reg[3:0] btn_value;
always@(posedge btn,posedge rst)
begin
    if(rst) btn_value = 0;
    else btn_value = btn_value + 1;
end
assign signal = clkdiv[btn_value + 11];
always@(posedge clk)
clkdiv = clkdiv + 1;
endmodule
```

程序说明:信号产生模块,可以通过按键设定不同频率的信号,获得当前按键次数,按一次进行加 1 计数。之后再设定频率值范围是 1 ~ 12 kHz,再进行计数。

【例 6-15】 频率检测程序如下:

```
module test(clkh_1s,rst,sigal_in,ov_flag,freq_temp);
input clkh_1s,rst;
input sigal_in;
output reg ov_flag;
output reg[13:0] freq_temp;
reg[13:0] freq_value;
reg delay;
always@(posedge sigal_in or posedge rst)
begin
    if(rst)
     begin
     freq_value <= 0;
     ov_flag <= 0;
    end
    else
    begin
      if(delay == 0)
       freq_value <= 0;
      else if(delay == 1)
```

```
      begin
    if(clkh_1s) freq_value  < = freq_value + 1;
     else freq_temp  < = freq_value;
      end
        if( freq_temp  > 9999)
         ov_flag  < = 1;
        else ov_flag  < = 0;
      end
      end
  endmodule
```

程序说明:本程序是频率检测模块,设置的寄存器涵盖所能检测频率的最大范围 0 ~
9 999,并且使用标志位来控制寄存器的清零功能,在 1 s 中之内完成检测频率的功能。

【例 6 - 16】　4 个数码管的进位程序如下:

```
module process( clk,ov_flag,freq_temp,freq_dsp);
input clk,ov_flag;
input[13:0] freq_temp;
output[15:0] freq_dsp;
reg[3:0] GW,SW,BW,QW;
wire[3:0] SM0,SM1,SM2,SM3;
integer i,j,m;
reg[13:0] freq_disp;
always@ ( posedge clk)
begin
  if( ov_flag)
  begin
  GW  = 4'hE;
  SW  = 4'hE;
  BW  = 4'hE;
  QW  = 4'hE;
  end
  else
  begin
  freq_disp  = freq_temp;
  for(i = 0;i < 10;i = i + 1)
    if(((i * 1000) < = freq_disp) & (((i + 1) * 1000) > freq_disp))
      QW  = i;
  freq_disp  = freq_disp - QW * 1000;
```

```
      for( j = 0;j < 10; j = j + 1)
        if((( j * 100) < = freq_disp) & ((( j + 1 ) * 100) > freq_disp))
          BW = j;
      freq_disp = freq_disp - BW * 100;
      for( m = 0;m < 10; m = m + 1)
        if((( m * 10) < = freq_disp) & ((( m + 1 ) * 10) > freq_disp))
          SW = m;
      freq_disp = freq_disp - SW * 10;
    end
  end
assign SM3 = ( QW = = 0) ? 4'hF : QW;
assign SM2 = ( QW = = 0) & ( BW = = 0) ? 4'hF : BW;
assign SM1 = ( QW = = 0) & ( BW = = 0) & ( SW = = 0) ? 4'hF : SW;
assign SM0 = GW;
assign freq_dsp = {SM3,SM2,SM1,SM0};

endmodule
```

程序说明:本程序主要是数码管的个位、十位、百位、千位显示的二进制数据的输出。

【例 6 – 17】 顶层程序如下:

```
module top( clk,rst,key0,G_disp,S_disp,B_disp,Q_disp);
input clk;
input rst;
input key0;
output[6:0] G_disp,S_disp,B_disp,Q_disp;
wire[15:0] freq_dsp;
wire[13:0] freq_temp;
wire clk_190Hz,signal,ov_flag,clkh_1s,key_debounce;
Signal U1(. clk(clk),. rst(rst),. btn(key_debounce),. signal(signal));
div      U2(. clk(clk),. rst(rst),. clk_190Hz(clk_190Hz),. clkh_1s(clkh_1s));
test     U3(. clkh_1s(clkh_1s),. rst(rst),. sigal_in(signal),. ov_flag(ov_flag),. freq
_temp(freq_temp));
process  U4(. clk(clk),. ov_flag(ov_flag),. freq_temp(freq_temp),. freq_dsp(freq_
dsp));
debounce U5(. clk_190Hz(clk_190Hz),. key0(key0),. key_debounce(key_de-
bounce));
SEG7     U6(. oSEG(G_disp),. iDIG(freq_dsp[3:0]));
SEG7     U7(. oSEG(S_disp),. iDIG(freq_dsp[7:4]));
SEG7     U8(. oSEG(B_disp),. iDIG(freq_dsp[11:8]));
```

SEG7　　　U9(.oSEG(Q_disp),.iDIG(freq_dsp[15:12]));
endmodule

6.4.4　硬件验证

将设计的系统下载到 DE2 – 115 实验开发系统中,以验证设计的结果。引脚设定情况如图 6 – 17 所示。

B_disp[6]	Output	PIN_Y19	4	B4_N0	2.5 V (default)
B_disp[5]	Output	PIN_AF23	4	B4_N0	2.5 V (default)
B_disp[4]	Output	PIN_AD24	4	B4_N0	2.5 V (default)
B_disp[3]	Output	PIN_AA21	4	B4_N0	2.5 V (default)
B_disp[2]	Output	PIN_AB20	4	B4_N0	2.5 V (default)
B_disp[1]	Output	PIN_U21	5	B5_N0	2.5 V (default)
B_disp[0]	Output	PIN_V21	5	B5_N1	2.5 V (default)
G_disp[6]	Output	PIN_U24	5	B5_N0	2.5 V (default)
G_disp[5]	Output	PIN_U23	5	B5_N1	2.5 V (default)
G_disp[4]	Output	PIN_W25	5	B5_N1	2.5 V (default)
G_disp[3]	Output	PIN_W22	5	B5_N0	2.5 V (default)
G_disp[2]	Output	PIN_W21	5	B5_N1	2.5 V (default)
G_disp[1]	Output	PIN_Y22	5	B5_N0	2.5 V (default)
G_disp[0]	Output	PIN_M24	6	B6_N2	2.5 V (default)
Q_disp[6]	Output	PIN_AE18	4	B4_N2	2.5 V (default)
Q_disp[5]	Output	PIN_AF19	4	B4_N1	2.5 V (default)
Q_disp[4]	Output	PIN_AE19	4	B4_N1	2.5 V (default)
Q_disp[3]	Output	PIN_AH21	4	B4_N2	2.5 V (default)
Q_disp[2]	Output	PIN_AG21	4	B4_N2	2.5 V (default)
Q_disp[1]	Output	PIN_AA19	4	B4_N0	2.5 V (default)
Q_disp[0]	Output	PIN_AB19	4	B4_N0	2.5 V (default)
S_disp[6]	Output	PIN_W28	5	B5_N1	2.5 V (default)
S_disp[5]	Output	PIN_W27	5	B5_N1	2.5 V (default)
S_disp[4]	Output	PIN_Y26	5	B5_N1	2.5 V (default)
S_disp[3]	Output	PIN_W26	5	B5_N1	2.5 V (default)
S_disp[2]	Output	PIN_Y25	5	B5_N1	2.5 V (default)
S_disp[1]	Output	PIN_AA26	5	B5_N1	2.5 V (default)
S_disp[0]	Output	PIN_AA25	5	B5_N1	2.5 V (default)
clk	Input	PIN_Y2	2	B2_N0	2.5 V (default)
key0	Input	PIN_AC28	5	B5_N2	2.5 V (default)
rst	Input	PIN_AB28	5	B5_N1	2.5 V (default)

图 6 – 17　引脚配置

程序下载到 FPGA 后,clk 为整个系统提供时钟的信号;rst 为整个系统的复位按键,对系统重新进行启动时使用;key0 为频率修改按键;G_disp,S_disp,B_disp,Q_disp 为频率输出的个位、十位、百位、千位的数码管输出显示。

6.4.5　扩展部分

读者可根据实际的设计需要扩展如下功能:
(1)增大频率的检测范围;
(2)使用液晶作为显示屏;
(3)设置多频段的检测功能,并且使用外部输入检测。

6.5　乐曲演奏器设计

6.5.1　设计要求

(1)设计一个可以播放乐曲的乐曲演奏器;
(2)按键可以控制乐曲的开始和停止;
(3)使用蜂鸣器播放音乐。

6.5.2　系统设计方案

根据设计要求分析该设计系统可以由 1 个模块实现,如图 6 - 18 所示。

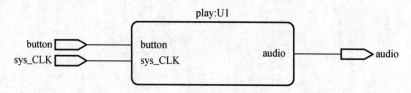

图 6 - 18　乐曲演奏器的内部逻辑原理图

图 6 - 18 中只有一个模块,此模块中包含两个分频器,分别是 4 Hz 和 6 MHz。4 Hz分频器用于乐谱产生器,6 MHz 分频器用于反馈预置计数器。该模块总共有 3 个引脚,其中button 的功能是控制乐曲的播放;sys_CLK 是系统时钟 50 MHz,给分频器提供基础时钟;audio 是蜂鸣器连接引脚,主要用于频率输出。

6.5.3　乐曲演奏器 Verilog 代码分析

【例 6 - 18】　乐曲演奏程序如下:

```
module play( audio,sys_CLK ,button ) ;
input       sys_CLK;
input       button;
output      audio;
reg  [23:0] counter_4Hz, counter_6MHz;
reg  [13:0]  count,origin;
reg  audiof;
reg  clk_6MHz,clk_4Hz;
reg  [4:0]  J_F;
reg  [7:0]  L_len;
assign audio =  button? audiof : 1′b1 ;
/* * * * * * * * * * * * * * * * * * * * * * * * * * * * * * * * * * */
always @ ( posedge sys_CLK)
```

```verilog
begin
    if( counter_6MHz = =4)
       begin
            counter_6MHz =0;
            clk_6MHz = ~ clk_6MHz;
        end
    else
      begin
          counter_6MHz = counter_6MHz +1;
      end
end
/* * * * * * * * * * * * * * * * * * * * * * * * * * * * * * * * */
always @ ( posedge sys_CLK)
begin
    if( counter_4Hz = =6250000)
      begin
          counter_4Hz =0;
          clk_4Hz = ~ clk_4Hz;
      end
    else
    begin
        counter_4Hz = counter_4Hz +1;
    end
end
/* * * * * * * * * * * * * * * * * * * * * * * * * * * * * * * * * */
always @ ( posedge clk_6MHz)
begin
    if( count = =16383)
      begin
       count = origin;
       audiof = ~ audiof;
      end
    else
        count = count +1;
end
/* * * * * * * * * * * * * * * * * * * * * * * * * * * * * * * * * */
always @ ( posedge clk_4Hz)
begin
    case( J_F)
    'd1 : origin = 'd4916;
```

```
        'd2:origin = 'd6168;
        'd3:origin = 'd7281;
        'd4:origin = 'd7791;
        'd5:origin = 'd8730;
        'd6:origin = 'd9565;
        'd7:origin = 'd10310;
        'd8:origin = 'd010647;
        'd9:origin = 'd011272;
        'd10:origin = 'd011831;
        'd11:origin = 'd012087;
        'd12:origin = 'd012556;
        'd13:origin = 'd012974;
        'd14:origin = 'd013346;
        'd15:origin = 'd13516;
        'd16:origin = 'd13829;
        'd17:origin = 'd14108;
        'd18:origin = 'd11535;
        'd19:origin = 'd14470;
        'd20:origin = 'd14678;
        'd21:origin = 'd14864;
        default:origin = 'd011111;
        endcase
    end
/* * * * * * * * * * * * * * * * * * * * * * * * * * * * * * * * */
always @ (posedge clk_4Hz)
begin
        if(L_len = =63)
            L_len =0;
        else
            L_len = L_len +1;
        case(L_len)
        0: J_F =3;
        1: J_F =3;
        2: J_F =3;
        3: J_F =3;
        4: J_F =5;
        5: J_F =5;
        6: J_F =5;
        7: J_F =6;
        8: J_F =8;
```

```
 9: J_F =8;
10: J_F =8;
11: J_F =6;
12: J_F =6;
13: J_F =6;
14: J_F =6;
15: J_F =12;
16: J_F =12;
17: J_F =12;
18: J_F =15;
19: J_F =15;
20: J_F =15;
21: J_F =15;
22: J_F =15;
23: J_F =9;
24: J_F =9;
25: J_F =9;
26: J_F =9;
27: J_F =9;
28: J_F =9;
29: J_F =9;
30: J_F =9;
31: J_F =9;
32: J_F =9;
33: J_F =9;
34: J_F =10;
35: J_F =7;
36: J_F =7;
37: J_F =6;
38: J_F =6;
39: J_F =5;
40: J_F =5;
41: J_F =5;
42: J_F =6;
43: J_F =8;
44: J_F =8;
45: J_F =9;
46: J_F =9;
47: J_F =3;
48: J_F =3;
```

```
        49: J_F  =8;
        50: J_F  =8;
        51: J_F  =8;
        52: J_F  =5;
        53: J_F  =5;
        54: J_F  =8;
        55: J_F  =5;
        56: J_F  =5;
        57: J_F  =5;
        58: J_F  =5;
        59: J_F  =5;
        60: J_F  =5;
        61: J_F  =5;
        62: J_F  =5;
        63: J_F  =5;
        endcase
end
endmodule
```

程序说明:该乐曲播放程序由 5 个 always 语句构成。第一个 always 语句实现 50 MHz 到 6 MHz 的分频;第二个 always 语句实现 50 MHz 到 4 Hz 的分频;第三和第四个 always 语句进行乐曲的分频和分频的预置数设定;第五个 always 语句是乐谱产生器。当 J_F 的状态不断改变时,就不停反馈预置,不断产生频率不同的信号发出,即可实现乐曲播放器的功能。

【例 6-19】 顶层程序如下:

```
module play_top(audio,sys_CLK ,button);
output     audio;
input      sys_CLK;
input      button;
play     U1(.audio(audio),.sys_CLK(sys_CLK),.button(button));
endmodule
```

6.5.4 硬件验证

将设计的系统下载到 DE2-115 实验开发系统中,以验证设计的结果。引脚设定情况如图 6-19 所示。

audio	Output	PIN_AB22
button	Input	PIN_AB28
sys_CLK	Input	PIN_Y2

图 6-19 引脚配置

程序下载到 FPGA 后,先按下"SW0"键,这时系统就会根据乐曲的乐谱不停地设置相应的频率,最后经与蜂鸣器连接的引脚输入给蜂鸣器,蜂鸣器开始演奏。

6.5.5 扩展部分

读者可根据实际的设计需要扩展如下功能:
(1)多加几组乐曲的乐谱;
(2)多加几组按键同时设置按键的功能;
(3)设计成 MP3 的形式。

6.6 密 码 锁

6.6.1 设计要求

(1)设计一个密码锁,由 8 个拨码开关设置一个 4 位密码,每两位拨码开关设置 1 位密码,如果输入的密码和已经存入的密码一致,则 LED 稳定发光,即输入的密码正确;
(2)如果输入的密码和已经存入的密码不一致,则 LED 以 3 Hz 的频率闪烁以提示输入的密码错误。

6.6.2 系统设计方案

根据设计要求分析该设计系统可以由 6 个模块构成,如图 6-20 所示。

逻辑结构原理图可分为 6 个单元电路,即 smg_divf:根据设计系统的需求将50 MHz系统频率分成 190 Hz;key4_debounce:用于给按键消抖模块提供时钟,得到 4 个消抖的信号,消抖的 4 个信号先后送到脉冲产生模块;pulse_gen:本模块得到消抖信号后产生脉冲信号,该信号会作为比较模块的时钟;Lock_compare:将输入的密码与设置的密码进行比较;Lock_password:处理之后产生的输入密码;Lock_result:根据比较模块的比较结果,最后控制 LED 作相应的状态指示。

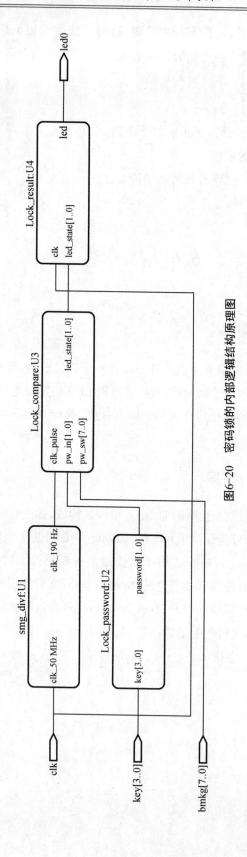

图6-20 密码锁的内部逻辑结构原理图

6.6.3　密码锁 Verilog 代码分析

【例 6 – 20】　50 MHz 至 190 Hz 分频程序如下:

```
module smg_divf(clk_50MHz,clk_190Hz);
input clk_50MHz;
output clk_190Hz;
reg[17:0] clkdiv = 0;
always@(posedge clk_50MHz)
clkdiv = clkdiv + 1;
assign clk_190Hz = clkdiv[17];
endmodule
```

程序说明:这是一个分频的程序,将 50 MHz 的系统时钟分频为 190 Hz 时钟,先设置一个寄存器同时清零,以系统时钟为敏感信号对该寄存器不停加 1,直至加满,这时就会产生 190 Hz 的时钟信号。

【例 6 – 21】　按键消抖程序如下:

```
module key4_debounce(key_debounce,key,clk_190Hz);
input clk_190Hz;
input[3:0] key;
output key_debounce;
reg[3:0] key_r,key_rr,key_rrr;
always@(posedge clk_190Hz)
   begin
   key_rrr = key_rr;
   key_rr  = key_r;
   key_r   = key;
   end
assign   key_debounce = key_r&key_rr&key_rrr;
endmodule
```

程序说明:使用 190 Hz 的时钟为按键检测提供时钟,并且该程序同时对 4 个按键同时消抖。

【例 6 – 22】　脉冲信号产生程序如下:

```
module pulse_gen(clk,key,pulse);
input   clk,key;
output  pulse;
reg   key_r,key_rr;
always@(posedge clk)
   begin
     key_r <= key;
     key_rr <= key_r;
   end
assign pulse = key&key_r& ~ key_rr;
```

```
endmodule
```

程序说明:当按键按下后,会产生一个脉冲信号,经过消抖处理后的脉冲信号的持续时间为一个 clk 周期,而且脉冲信号的上升沿通常都会延后按键的上升一小段时间。

【例 6 - 23】 4 - 2 译码器程序如下:

```
module Lock_password(key,password);
input[3:0]   key;
output reg[1:0]   password;
always@(key)
    case(key)
      4'b0001:password = 2'b00;
      4'b0010:password = 2'b01;
      4'b0100:password = 2'b10;
      4'b1000:password = 2'b11;
      default:password = 2'b00;
    endcase
endmodule
```

程序说明:本程序主要是用来产生输入密码,由 4 个按键产生密码(密码值为0~3),使用以上的组合逻辑实现。

【例 6 - 24】 比较器程序如下:

```
module Lock_compare(clk_pulse,pw_in,pw_sw,led_state);
input clk_pulse;
input[1:0] pw_in;
input[7:0] pw_sw;
output[1:0] led_state;
parameter led_on = 2'b00,led_off = 2'b11,led_blink = 2'b10;
parameter s0 = 4'h0,s1 = 4'h1,s2 = 4'h2,s3 = 4'h3,s4 = 4'h4,
          e1 = 4'h5,e2 = 4'h6,e3 = 4'h7,e4 = 4'h8;
reg[3:0] next_st = s0;
always@(posedge clk_pulse)
    case(next_st)
    s0:begin
        if(pw_sw[7:6] == pw_in) next_st = s1;
        else next_st = e1;
      end
    s1:begin
        if(pw_sw[5:4] == pw_in) next_st = s2;
        else next_st = e2;
      end
    s2:begin
        if(pw_sw[3:2] == pw_in) next_st = s3;
        else next_st = e3;
```

```
                    end
           s3:begin
                if(pw_sw[1:0] = = pw_in) next_st = s4;
                else next_st = e4;
                end
           s4:next_st = s0;
           e1:next_st = e2;
           e2:next_st = e3;
           e3:next_st = e4;
           e4:next_st = s0;
           default:next_st = s0;
        endcase
assign led_state = (next_st = = s4)? led_on:((next_st = = e4)? led_blink:led_off);
endmodule
```

程序说明:实现密码检测,按 4 次后,如果需要重新输入密码,需要再按 1 次任意键恢复到初始状态。

【例 6 - 25】　显示模块程序如下:

```
module Lock_result(clk,led_state,led);
input clk;
input[1:0] led_state;
output reg led;
reg[23:0] cnt;
parameter led_on = 2′b00,led_off = 2′b11,led_blink = 2′b10;
always@(posedge clk)
begin
   cnt = cnt + 1;
     if(led_state = = led_on) led = 1;
     else begin
        if(led_state = = led_off) led = 0;
        else led = cnt[23];
   end
end
endmodule
```

程序说明:程序中对 LED 灯设置了三种不同的状态,即亮、灭、闪烁,如果程序达到相应的条件就给小灯置 1,让其一直亮。如果满足灭的状态就让小灯一直置 0;如果密码设置的和已经输入的不一致,则小灯闪烁。

6.6.4　硬件验证

将设计的系统下载到 DE2 - 115 实验开发系统中,以验证设计的结果。引脚设定情况如图 6 - 21 所示。

bmkg[7]	Input	PIN_AB26
bmkg[6]	Input	PIN_AD26
bmkg[5]	Input	PIN_AC26
bmkg[4]	Input	PIN_AB27
bmkg[3]	Input	PIN_AD27
bmkg[2]	Input	PIN_AC27
bmkg[1]	Input	PIN_AC28
bmkg[0]	Input	PIN_AB28
clk	Input	PIN_Y2
key[3]	Input	PIN_R24
key[2]	Input	PIN_N21
key[1]	Input	PIN_M21
key[0]	Input	PIN_M23
led0	Output	PIN_G19

图 6 – 21　引脚配置

程序下载到 FPGA 后，首先用拨码开关设置密码，再由按键键入密码。第一次输入密码与内设密码不一致，可以观察到 led0 以 1 s 三次的频率闪烁；第二次输入密码与内设密码一致，可以看到 led0 正常点亮；第三次什么都不输入可以看到 led0 一直是灭的状态。

6.6.5　扩展部分

读者可根据实际的设计需要扩展如下功能：

(1)可使用液晶屏提示输入密码的正确性；

(2)可使用 VGA 提示输入密码的正确性；

(3)可将按键改为小键盘实现键入功能。

6.7　PS2 键盘扫描程序设计

6.7.1　设计要求

(1)使用一个 PS2 接口的键盘，设计一个能检测到按键按下的 verilog 程序；

(2)检测按键的键值可以在 LCD1602 上显示出来。

6.7.2　系统设计方案

根据设计要求分析该设计系统可以由两个模块构成，如图 6 – 22 所示。

图 6 – 22 中两个单元电路分别为 Ps2_Scan：通过 FPGA 控制器对 PS2 键盘输出的通码（即按键按下状态的编码）进行读取，提取出 PS2 键盘传输数据和传输数据完毕状态信息，便于在主程序中进行读取键盘值；Lcd1602_drive：主要是将在 Ps2_Scan 模块中提取的数据显示在液晶屏上，可以直观地看到输入结果。

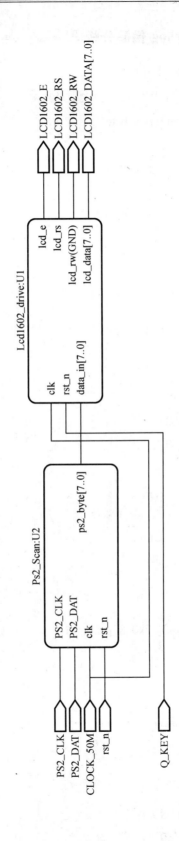

图6-22　PS2键盘的内部逻辑结构原理图

6.7.3　PS2 键盘 Verilog 代码分析

【例 6 − 26】　键盘检测程序如下：

```verilog
module Ps2_Scan(clk,rst_n,PS2_CLK,PS2_DAT,
                ps2_state,ps2_byte);
input clk;
input rst_n;
input PS2_CLK;
input PS2_DAT;
output ps2_state;
output[7:0] ps2_byte;
reg ps2_clk0,ps2_clk1;
wire ps2_clk_neg;
always@(posedge clk or negedge rst_n)
begin
  if(! rst_n)
    begin
      ps2_clk0 < = 1'b0;
      ps2_clk1 < = 1'b0;
    end
  else
    begin
      ps2_clk0 < = PS2_CLK;
      ps2_clk1 < = ps2_clk0;
    end
end
assign ps2_clk_neg = ~ps2_clk0 & ps2_clk1;
reg[7:0] ps2_key_data;
reg[4:0] num;
reg[7:0] temp_data;
always@(posedge clk or negedge rst_n)
begin
  if(! rst_n)
    begin
      ps2_key_data < = 8'd0;
      temp_data < = 8'd0;
```

```verilog
                num < = 5'd0;
            end
    else if( ps2_clk_neg)
        begin
        case( num)
          5'd0: num < = num + 1'b1;
          5'd1: begin
                    ps2_key_data[0] < = PS2_DAT;
                    num < = num + 1'b1;
                end
          5'd2: begin
                    ps2_key_data[1] < = PS2_DAT;
                    num < = num + 1'b1;
                end
          5'd3: begin
                    ps2_key_data[2] < = PS2_DAT;
                    num < = num + 1'b1;
                end
          5'd4: begin
                    ps2_key_data[3] < = PS2_DAT;
                    num < = num + 1'b1;
                end
          5'd5: begin
                    ps2_key_data[4] < = PS2_DAT;
                    num < = num + 1'b1;
                end
          5'd6: begin
                    ps2_key_data[5] < = PS2_DAT;
                    num < = num + 1'b1;
                end
          5'd7: begin
                    ps2_key_data[6] < = PS2_DAT;
                    num < = num + 1'b1;
                end
          5'd8: begin
                    ps2_key_data[7] < = PS2_DAT;
```

```
                    num  < = num + 1'b1;
              end
    5'd9: num  < = num + 1'b1;
    5'd10: begin
                    if( ps2_key_data  = = 8'hf0)
                    num  < = num + 1'b1;
                    else num  < = 5'b0;
              end
    5'd11: num  < = num + 1'b1;
    5'd12: begin
                    temp_data[0]  < = PS2_DAT;
                    num  < = num + 1'b1;
              end
    5'd13: begin
                    ps2_key_data[1]  < = PS2_DAT;
                    num  < = num + 1'b1;
              end
    5'd14: begin
                    ps2_key_data[2]  < = PS2_DAT;
                    num  < = num + 1'b1;
              end
     5'd15: begin
                    ps2_key_data[3]  < = PS2_DAT;
                    num  < = num + 1'b1;
              end
    5'd16: begin
                    ps2_key_data[4]  < = PS2_DAT;
                    num  < = num + 1'b1;
              end
     5'd17: begin
                    ps2_key_data[5]  < = PS2_DAT;
                    num  < = num + 1'b1;
              end
     5'd18: begin
                    ps2_key_data[6]  < = PS2_DAT;
                    num  < = num + 1'b1;
```

```verilog
                    end
        5'd19: begin
                ps2_key_data[7] <= PS2_DAT;
                num <= num + 1'b1;
              end
        5'd20: num <= num + 1'b1;
        5'd21: num <= 5'd0;
        default: num <= 5'd0;
      endcase
      end
  end
reg Shift;
always@(posedge clk or negedge rst_n)
begin
  if(! rst_n)
     Shift <= 1'b0;
  else if(ps2_key_data == 8'h12)
     Shift <= 1'b1;
  else if(temp_data == 8'h12)
     Shift <= 1'b0;
  end
reg ps2_state;
reg key_valid;
reg[7:0] ps2_temp_data;
always@(posedge clk or negedge rst_n)
begin
  if(! rst_n)
  begin
     ps2_state <= 1'b0;
     key_valid <= 1'b0;
  end
  else if(num == 5'd10)
   begin
     if(ps2_key_data == 8'hf0 | ps2_key_data == 8'h12)
       key_valid <= 1'b1;
     else
```

```verilog
        begin
            if( ! key_valid)
              begin
                  ps2_temp_data < = ps2_key_data;
                  ps2_state < = 1'b1;
              end
            else
              begin
                  key_valid < = 1'b0;
                  ps2_state < = 1'b0;
              end
        end
    end
else if( num = = 5'd0)
    ps2_state < = 1'b0;
end
reg[7:0] ps2_ascii;
always@ ( {Shift,ps2_temp_data})
    begin
        case( {Shift,ps2_temp_data})
          9'h115: ps2_ascii < = 8'h51;
          9'h11d: ps2_ascii < = 8'h57;
          9'h124: ps2_ascii < = 8'h45;
          9'h12d: ps2_ascii < = 8'h52;
          9'h12c: ps2_ascii < = 8'h54;
          9'h135: ps2_ascii < = 8'h59;
          9'h13c: ps2_ascii < = 8'h55;
          9'h143: ps2_ascii < = 8'h49;
          9'h144: ps2_ascii < = 8'h4f;
          9'h14d: ps2_ascii < = 8'h50;
          9'h11c: ps2_ascii < = 8'h41;
          9'h11b: ps2_ascii < = 8'h53;
          9'h123: ps2_ascii < = 8'h44;
          9'h12b: ps2_ascii < = 8'h46;
          9'h134: ps2_ascii < = 8'h47;
          9'h133: ps2_ascii < = 8'h48;
```

```
9'h13b: ps2_ascii < = 8'h4a;
9'h142: ps2_ascii < = 8'h4b;
9'h14b: ps2_ascii < = 8'h4c;
9'h11a: ps2_ascii < = 8'h5a;
9'h122: ps2_ascii < = 8'h58;
9'h121: ps2_ascii < = 8'h43;
9'h12a: ps2_ascii < = 8'h56;
9'h132: ps2_ascii < = 8'h42;
9'h131: ps2_ascii < = 8'h4e;
9'h13a: ps2_ascii < = 8'h4d;
9'h015: ps2_ascii < = 8'h71;
9'h01d: ps2_ascii < = 8'h77;
9'h024: ps2_ascii < = 8'h65;
9'h02d: ps2_ascii < = 8'h72;
9'h02c: ps2_ascii < = 8'h74;
9'h035: ps2_ascii < = 8'h79;
9'h03c: ps2_ascii < = 8'h75;
9'h043: ps2_ascii < = 8'h69;
9'h044: ps2_ascii < = 8'h6f;
9'h04d: ps2_ascii < = 8'h70;
9'h01c: ps2_ascii < = 8'h61;
9'h01b: ps2_ascii < = 8'h73;
9'h023: ps2_ascii < = 8'h64;
9'h02b: ps2_ascii < = 8'h66;
9'h034: ps2_ascii < = 8'h67;
9'h033: ps2_ascii < = 8'h68;
9'h03b: ps2_ascii < = 8'h6a;
9'h042: ps2_ascii < = 8'h6b;
9'h04b: ps2_ascii < = 8'h6c;
9'h01a: ps2_ascii < = 8'h7a;
9'h022: ps2_ascii < = 8'h78;
9'h021: ps2_ascii < = 8'h63;
9'h02a: ps2_ascii < = 8'h76;
9'h032: ps2_ascii < = 8'h62;
9'h031: ps2_ascii < = 8'h6e;
9'h03a: ps2_ascii < = 8'h6d;
```

```
9'h016: ps2_ascii < = 8'h31;
9'h01e: ps2_ascii < = 8'h32;
9'h026: ps2_ascii < = 8'h33;
9'h025: ps2_ascii < = 8'h34;
9'h02e: ps2_ascii < = 8'h35;
9'h036: ps2_ascii < = 8'h36;
9'h03d: ps2_ascii < = 8'h37;
9'h03e: ps2_ascii < = 8'h38;
9'h046: ps2_ascii < = 8'h39;
9'h045: ps2_ascii < = 8'h30;
9'h116: ps2_ascii < = 8'h21;
9'h11e: ps2_ascii < = 8'h40;
9'h126: ps2_ascii < = 8'h23;
9'h125: ps2_ascii < = 8'h24;
9'h12e: ps2_ascii < = 8'h25;
9'h136: ps2_ascii < = 8'h5e;
9'h13d: ps2_ascii < = 8'h26;
9'h13e: ps2_ascii < = 8'h2a;
9'h146: ps2_ascii < = 8'h28;
9'h145: ps2_ascii < = 8'h29;
9'h04e: ps2_ascii < = 8'h2d;
9'h055: ps2_ascii < = 8'h3d;
9'h054: ps2_ascii < = 8'h5b;
9'h05b: ps2_ascii < = 8'h5d;
9'h05d: ps2_ascii < = 8'h5c;
9'h04c: ps2_ascii < = 8'h3b;
9'h052: ps2_ascii < = 8'h27;
9'h041: ps2_ascii < = 8'h2c;
9'h049: ps2_ascii < = 8'h2e;
9'h04a: ps2_ascii < = 8'h2f;
9'h00e: ps2_ascii < = 8'h60;
9'h14e: ps2_ascii < = 8'h5f;
9'h155: ps2_ascii < = 8'h2d;
9'h154: ps2_ascii < = 8'h7b;
9'h15b: ps2_ascii < = 8'h7d;
9'h15d: ps2_ascii < = 8'h7c;
```

```
        9′h14c: ps2_ascii <= 8′h3a;
        9′h152: ps2_ascii <= 8′h22;
        9′h141: ps2_ascii <= 8′h3c;
        9′h149: ps2_ascii <= 8′h3e;
        9′h14a: ps2_ascii <= 8′h3f;
        9′h10e: ps2_ascii <= 8′h7e;
        9′h006,9′h166: ps2_ascii <= 8′h08;
        9′h05a,9′h15a: ps2_ascii <= 8′h0d;
        9′h029,9′h129: ps2_ascii <= 8′h20;
        default: ps2_ascii <= 8′h00;
    endcase
  end
assign ps2_byte = ps2_ascii;
endmodule
```

程序说明:这是一个键盘检测模块程序,按时序编写一个状态机,主要任务是接收到键盘数据(通码),再设置一个 Shift 标志位,主要应用于切换字母的大小写。最后编写已知的字母、符号的 ASCII 码遍历。

【例 6-27】　LCD1602 显示程序如下:

```
module Lcd1602_drive(clk,rst_n,data_in,lcd_data,
                     lcd_e,lcd_rs,lcd_rw);
input clk;
input rst_n;
input[7:0] data_in;
output reg[7:0] lcd_data;
output lcd_e;
output reg lcd_rs;
output lcd_rw;
reg[127:0] row1_val = "                ";
wire[127:0] row2_val = "Welcome to study";
reg[15:0] cnt;
always@ (posedge clk,negedge rst_n)
if(! rst_n)
    cnt <= 0;
else
    cnt <= cnt + 1′b1;
wire lcd_clk = cnt[15];
```

```verilog
parameter CLK_FREQ1 = 'D50000000;
parameter CLK_out_FREQ1 = 'd2;
reg[31:0] DCLK_DIV1;
reg clkout1;
always@ (posedge clk)
begin
  if(DCLK_DIV1 < (CLK_FREQ1/CLK_out_FREQ1))
  DCLK_DIV1 <= DCLK_DIV1 + 1'b1;
  else
  begin
    DCLK_DIV1 <= 0;
    clkout1 = ~clkout1;
  end
end
parameter   IDLE = 8'h00;
parameter   DISP_SET = 8'h01;
parameter   DISP_OFF = 8'h03;
parameter   CLR_SCR = 8'h02;
parameter   CURSOR_SET1 = 8'h03;
parameter   CURSOR_SET2 = 8'h02;
parameter ROW1_ADDR = 8'h05;
parameter ROW1_0 = 8'h04;
parameter ROW1_1 = 8'h0C;
parameter ROW1_2 = 8'h0D;
parameter ROW1_3 = 8'h0F;
parameter ROW1_4 = 8'h0E;
parameter ROW1_5 = 8'h0A;
parameter ROW1_6 = 8'h0B;
parameter ROW1_7 = 8'h09;
parameter ROW1_8 = 8'h08;
parameter ROW1_9 = 8'h18;
parameter ROW1_A = 8'h19;
parameter ROW1_B = 8'h1B;
parameter ROW1_C = 8'h1A;
parameter ROW1_D = 8'h1E;
parameter ROW1_E = 8'h1F;
```

```
parameter ROW1_F = 8'h1D;
parameter ROW2_ADDR = 8'h1C;
parameter ROW2_0 = 8'h14;
parameter ROW2_1 = 8'h15;
parameter ROW2_2 = 8'h17;
parameter ROW2_3 = 8'h16;
parameter ROW2_4 = 8'h12;
parameter ROW2_5 = 8'h13;
parameter ROW2_6 = 8'h11;
parameter ROW2_7 = 8'h10;
parameter ROW2_8 = 8'h30;
parameter ROW2_9 = 8'h31;
parameter ROW2_A = 8'h33;
parameter ROW2_B = 8'h32;
parameter ROW2_C = 8'h36;
parameter ROW2_D = 8'h37;
parameter ROW2_E = 8'h35;
parameter ROW2_F = 8'h34;
reg[5:0] current_state,next_state;
always@ (posedge lcd_clk,negedge rst_n)
   if(! rst_n) current_state <= IDLE;
   else current_state <= next_state;
always
   begin
      case(current_state)
         IDLE:          next_state = DISP_SET;
         DISP_SET:      next_state = DISP_OFF;
         DISP_OFF:      next_state = CLR_SCR;
         CLR_SCR:       next_state = CURSOR_SET1;
         CURSOR_SET1: next_state = CURSOR_SET2;
         CURSOR_SET2: next_state = ROW1_ADDR;
         ROW1_ADDR: next_state = ROW1_0;
         ROW1_0:        next_state = ROW1_1;
         ROW1_1:        next_state = ROW1_2;
         ROW1_2:        next_state = ROW1_3;
         ROW1_3:        next_state = ROW1_4;
```

```
        ROW1_4:      next_state = ROW1_5;
        ROW1_5:      next_state = ROW1_6;
        ROW1_6:      next_state = ROW1_7;
        ROW1_7:      next_state = ROW1_8;
        ROW1_8:      next_state = ROW1_9;
        ROW1_9:      next_state = ROW1_A;
        ROW1_A:      next_state = ROW1_B;
        ROW1_B:      next_state = ROW1_C;
        ROW1_C:      next_state = ROW1_D;
        ROW1_D:      next_state = ROW1_E;
        ROW1_E:      next_state = ROW1_F;
        ROW1_F:      next_state = ROW2_ADDR;
        ROW2_ADDR:   next_state = ROW2_0;
        ROW2_0:      next_state = ROW2_1;
        ROW2_1:      next_state = ROW2_2;
        ROW2_2:      next_state = ROW2_3;
        ROW2_3:      next_state = ROW2_4;
        ROW2_4:      next_state = ROW2_5;
        ROW2_5:      next_state = ROW2_6;
        ROW2_6:      next_state = ROW2_7;
        ROW2_7:      next_state = ROW2_8;
        ROW2_8:      next_state = ROW2_9;
        ROW2_9:      next_state = ROW2_A;
        ROW2_A:      next_state = ROW2_B;
        ROW2_B:      next_state = ROW2_C;
        ROW2_C:      next_state = ROW2_D;
        ROW2_D:      next_state = ROW2_E;
        ROW2_E:      next_state = ROW2_F;
        ROW2_F:      next_state = ROW1_ADDR;
      default:      next_state = IDLE;
   endcase
end
always@ ( posedge lcd_clk, negedge rst_n)
begin
  if( ! rst_n)
    begin
```

```verilog
        lcd_rs    <= 0;
        lcd_data  <= 8'hxx;
    end
else
  begin
      case(next_state)
      IDLE:         lcd_rs <= 0;
      DISP_SET:     lcd_rs <= 0;
      DISP_OFF:     lcd_rs <= 0;
      CLR_SCR:      lcd_rs <= 0;
      CURSOR_SET1:  lcd_rs <= 0;
      CURSOR_SET2:  lcd_rs <= 0;
      ROW1_ADDR:    lcd_rs <= 0;
      ROW1_0:       lcd_rs <= 1;
      ROW1_1:       lcd_rs <= 1;
      ROW1_2:       lcd_rs <= 1;
      ROW1_3:       lcd_rs <= 1;
      ROW1_4:       lcd_rs <= 1;
      ROW1_5:       lcd_rs <= 1;
      ROW1_6:       lcd_rs <= 1;
      ROW1_7:       lcd_rs <= 1;
      ROW1_8:       lcd_rs <= 1;
      ROW1_9:       lcd_rs <= 1;
      ROW1_A:       lcd_rs <= 1;
      ROW1_B:       lcd_rs <= 1;
      ROW1_C:       lcd_rs <= 1;
      ROW1_D:       lcd_rs <= 1;
      ROW1_E:       lcd_rs <= 1;
      ROW1_F:       lcd_rs <= 1;
      ROW2_ADDR:    lcd_rs <= 0;
      ROW2_0:       lcd_rs <= 1;
      ROW2_1:       lcd_rs <= 1;
      ROW2_2:       lcd_rs <= 1;
      ROW2_3:       lcd_rs <= 1;
      ROW2_4:       lcd_rs <= 1;
      ROW2_5:       lcd_rs <= 1;
```

```verilog
            ROW2_6:     lcd_rs <= 1;
            ROW2_7:     lcd_rs <= 1;
            ROW2_8:     lcd_rs <= 1;
            ROW2_9:     lcd_rs <= 1;
            ROW2_A:     lcd_rs <= 1;
            ROW2_B:     lcd_rs <= 1;
            ROW2_C:     lcd_rs <= 1;
            ROW2_D:     lcd_rs <= 1;
            ROW2_E:     lcd_rs <= 1;
            ROW2_F:     lcd_rs <= 1;
    endcase
    case(next_state)
        IDLE:           lcd_data <= 8'hxx;
        DISP_SET:       lcd_data <= 8'h38;
        DISP_OFF:       lcd_data <= 8'h08;
        CLR_SCR:        lcd_data <= 8'h01;
        CURSOR_SET1:    lcd_data <= 8'h06;
        CURSOR_SET2:    lcd_data <= 8'h0C;
        ROW1_ADDR:      lcd_data <= 8'h80;
        ROW1_0:         lcd_data <= data_in;
        ROW1_1:         lcd_data <= row1_val[119:112];
        ROW1_2:         lcd_data <= row1_val[111:104];
        ROW1_3:         lcd_data <= row1_val[103:96];
        ROW1_4:         lcd_data <= row1_val[95:88];
        ROW1_5:         lcd_data <= row1_val[87:80];
        ROW1_6:         lcd_data <= row1_val[79:72];
        ROW1_7:         lcd_data <= row1_val[71:64];
        ROW1_8:         lcd_data <= row1_val[63:56];
        ROW1_9:         lcd_data <= row1_val[55:48];
        ROW1_A:         lcd_data <= row1_val[47:40];
        ROW1_B:         lcd_data <= row1_val[39:32];
        ROW1_C:         lcd_data <= row1_val[31:24];
        ROW1_D:         lcd_data <= row1_val[23:16];
        ROW1_E:         lcd_data <= row1_val[15:8];
        ROW1_F:         lcd_data <= row1_val[7:0];
        ROW2_ADDR:      lcd_data <= 8'hC0;
```

```
ROW2_0：      lcd_data  < = row2_val[127:120];
ROW2_1：      lcd_data  < = row2_val[119:112];
ROW2_2：      lcd_data  < = row2_val[111:104];
ROW2_3：      lcd_data  < = row2_val[103:96];
ROW2_4：      lcd_data  < = row2_val[95:88];
ROW2_5：      lcd_data  < = row2_val[87:80];
ROW2_6：      lcd_data  < = row2_val[79:72];
ROW2_7：      lcd_data  < = row2_val[71:64];
ROW2_8：      lcd_data  < = row2_val[63:56];
ROW2_9：      lcd_data  < = row2_val[55:48];
ROW2_A：      lcd_data  < = row2_val[47:40];
ROW2_B：      lcd_data  < = row2_val[39:32];
ROW2_C：      lcd_data  < = row2_val[31:24];
ROW2_D：      lcd_data  < = row2_val[23:16];
ROW2_E：      lcd_data  < = row2_val[15:8];
ROW2_F：      lcd_data  < = row2_val[7:0];
    endcase
  end
end
assign lcd_e   = lcd_clk;
assign lcd_rw  = 1'b0
endmodule
```

程序说明:这是一个 LCD1602 显示程序,程序主要包括分频模块,该模块可将系统时钟 50 MHz 分成系统实用的时钟(分成 2 的 32 次幂)。同时还编写了 LCD1602 驱动模块格雷码编码,一共含有 40 个状态。同时还编写了一些 LCD1602 常用的指令代码,例如,"DISP_SET: next_state = DISP_OFF;//显示关闭" "DISP_OFF: next_state = CLR_SCR//显示清屏"。

【例 6 - 28】 顶层程序如下:
```
module Ps2_top( CLOCK_50M,Q_KEY,LCD1602_DATA,LCD1602_E,
              LCD1602_RS,LCD1602_RW,rst_n,PS2_CLK,PS2_DAT);
input CLOCK_50M;
input Q_KEY;
input rst_n;
input PS2_CLK;
input PS2_DAT;
output [7:0] LCD1602_DATA;
```

```
output LCD1602_E;
output LCD1602_RS;
output LCD1602_RW;
wire ps2_state;
wire[7:0] ps2_byte;
Lcd1602_drive    U1(          .clk(CLOCK_50M),
                              .rst_n(Q_KEY),
                              .data_in(ps2_byte),
                              .lcd_data(LCD1602_DATA),
                              .lcd_e(LCD1602_E),
                              .lcd_rs(LCD1602_RS),
                              .lcd_rw(LCD1602_RW));
Ps2_Scan         U2(.clk(CLOCK_50M),
                              .rst_n(rst_n),
                              .PS2_CLK(PS2_CLK),
                              .PS2_DAT(PS2_DAT),
                              .ps2_state(ps2_state),
                              .ps2_byte(ps2_byte));
endmodule
```

6.7.4   硬件验证

将设计的系统下载到 DE2 – 115 实验开发系统中,以验证设计的结果。引脚设定情况如图 6 – 23 所示。

图 6 – 23 所示引脚中,CLOCK_50M 为给该系统设计提供总系统时钟的输入引脚;Q_KEY 为外部复位按键,给系统复位使用;LCD1602_DATA 是对液晶输入数据的引脚,将 FPGA 芯片处理后的数据通过该引脚发给液晶;LCD1602_E 是液晶使能引脚,对液晶模块的使用进行先使能再使用;LCD1602_RS 是液晶读使能引脚,即从液晶内部读取数据的使能引脚;LCD1602_RW 为液晶写使能引脚,即向液晶内部写入数据的使能引脚;rst_n 为复位信号;PS2_CLK 为 PS2 的时钟引脚;PS2_DAT 是 PS2 的数据引脚,将检测到的按键数据输入到 FPGA 芯片上。

6.7.5   扩展部分

读者可根据实际的设计需要扩展如下功能:
(1)可以使用 VGA 作为显示屏;
(2)可以添加更多的使用字符(数字、字母);
(3)可以使用 USB 键盘进行实验。

CLOCK_50M	Input	PIN_Y2
LCD1602_DATA[7]	Output	PIN_M5
LCD1602_DATA[6]	Output	PIN_M3
LCD1602_DATA[5]	Output	PIN_K2
LCD1602_DATA[4]	Output	PIN_K1
LCD1602_DATA[3]	Output	PIN_K7
LCD1602_DATA[2]	Output	PIN_L2
LCD1602_DATA[1]	Output	PIN_L1
LCD1602_DATA[0]	Output	PIN_L3
LCD1602_E	Output	PIN_L4
LCD1602_RS	Output	PIN_M2
LCD1602_RW	Output	PIN_M1
PS2_CLK	Input	PIN_G6
PS2_DAT	Input	PIN_H5
Q_KEY	Input	PIN_R24
rst_n	Input	PIN_N21

图 6 – 23　引脚配置

6.8　PS2 鼠标设计

6.8.1　设计要求

（1）设计一个 PS2 鼠标控制程序；

（2）设计一组 LED 来验证鼠标控制程序的有效性。

6.8.2　系统设计方案

根据设计要求分析该设计系统可以由一个模块和 LED 控制电路构成，如图 6 – 24 所示。

图 6 – 24 中单元电路 mouse_led 模块主要是使用鼠标控制 LED 小灯的状态，其内部含有一个接收模块。

图 6 – 25 中含有两个单元电路 ps2_rxtx，此电路模块主要是控制数据在鼠标中的发送和传输，内含接收和发送模块，如图 6 – 26 所示。

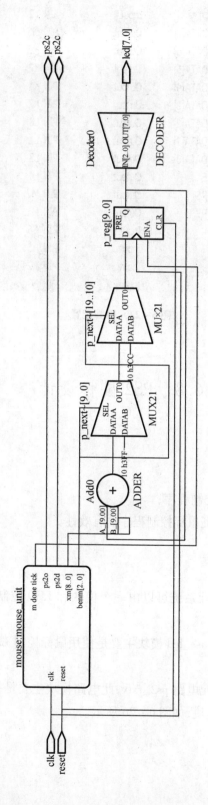

图6-24　LED控制电路原理图

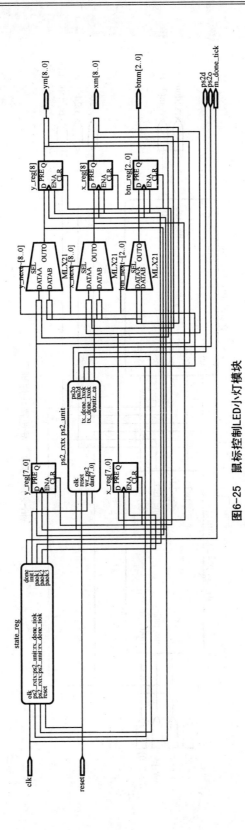

图6-25 鼠标控制LED小灯模块

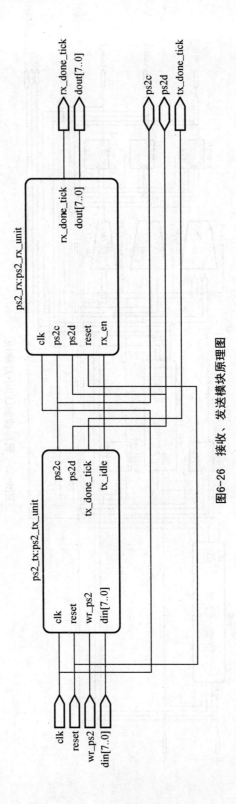

图6-26 接收、发送模块原理图

6.8.3　PS2 鼠标控制 Verilog 代码分析

【例 6 - 29】　数据发送程序如下：

```verilog
module ps2_tx(clk, reset,wr_ps2,din, ps2d, ps2c,tx_idle, tx_done_tick);
input wire clk, reset;
input wire wr_ps2;
input wire [7:0] din;
inout wire ps2d, ps2c;
output   reg tx_idle, tx_done_tick;
localparam [2:0]
        idle   = 3'b000,
        rts    = 3'b001,
        start  = 3'b010,
        data   = 3'b011,
        stop   = 3'b100;
reg [2:0] state_reg, state_next;
reg [7:0] filter_reg;
wire [7:0] filter_next;
reg f_ps2c_reg;
wire f_ps2c_next;
reg [3:0] n_reg, n_next;
reg [8:0] b_reg, b_next;
reg [12:0] c_reg, c_next;
wire par, fall_edge;
reg ps2c_out, ps2d_out;
reg tri_c, tri_d;
always @ (posedge clk, posedge reset)
   if (reset)
      begin
         filter_reg <= 0;
         f_ps2c_reg <= 0;
      end
   else
      begin
         filter_reg <= filter_next;
         f_ps2c_reg <= f_ps2c_next;
```

```
        end
    assign filter_next = {ps2c, filter_reg[7:1]};
    assign f_ps2c_next = (filter_reg = =8'b11111111) ? 1'b1 :
                           (filter_reg = =8'b00000000) ? 1'b0 :
                           f_ps2c_reg;
    assign fall_edge = f_ps2c_reg & ~f_ps2c_next;

always @ (posedge clk, posedge reset)
    if (reset)
        begin
            state_reg < = idle;
            c_reg < = 0;
            n_reg < = 0;
            b_reg < = 0;
        end
    else
        begin
            state_reg < = state_next;
            c_reg < = c_next;
            n_reg < = n_next;
            b_reg < = b_next;
        end
    assign par = ~(^din);
always @ *
    begin
        state_next = state_reg;
        c_next = c_reg;
        n_next = n_reg;
        b_next = b_reg;
        tx_done_tick = 1'b0;
        ps2c_out = 1'b1;
        ps2d_out = 1'b1;
        tri_c = 1'b0;
        tri_d = 1'b0;
        tx_idle = 1'b0;
        case (state_reg)
```

```
        idle:
            begin
                tx_idle = 1'b1;
                if (wr_ps2)
                    begin
                        b_next = {par, din};
                        c_next = 13'h1fff;
                        state_next = rts;
                    end
            end
        rts:
            begin
                ps2c_out = 1'b0;
                tri_c = 1'b1;
                c_next = c_reg - 1;
                if (c_reg == 0)
                    state_next = start;
            end
        start:
            begin
                ps2d_out = 1'b0;
                tri_d = 1'b1;
                if (fall_edge)
                    begin
                        n_next = 4'h8;
                        state_next = data;
                    end
            end
        data:
            begin
                ps2d_out = b_reg[0];
                tri_d = 1'b1;
                if (fall_edge)
                    begin
                        b_next = {1'b0, b_reg[8:1]};
                        if (n_reg == 0)
```

```
                    state_next = stop;
            else
                    n_next = n_reg - 1;
                end
            end
        stop:
            if (fall_edge)
                begin
                    state_next = idle;
                    tx_done_tick = 1'b1;
                end
        endcase
    end
    assign ps2c = (tri_c) ? ps2c_out : 1'bz;
    assign ps2d = (tri_d) ? ps2d_out : 1'bz;
endmodule
```

程序说明:FPGA 向鼠标控制模块发送命令,其基本的四种标准工作模式有 Reset,Stream,Remote 和 Warp。Reset 是指鼠标在上电或接收到 0XFF 命令后进入复位模式;Stream 是默认模式,如果主机先前把鼠标设置到了 Remote 模式,那它就可以发送 Set Stream Mode 0XEA 命令给鼠标,让鼠标重新进入 Stream 模式;可以通过发送 0XF0 进入 Remote 模式;可以通过发送 0XEE 进入 Warp 模式,如果退出 Warp 模式只要输入 0XFF 或者 0XEC 即可。

【例 6 - 30】 数据接收程序如下:

```
module ps2_rx(clk, reset,ps2d,ps2c,rx_en,rx_done_tick,dout);
input wire clk, reset;
input wire ps2d;
input wire ps2c;
input wire rx_en;
output reg rx_done_tick;
output wire [7:0] dout;
localparam [1:0]
    idle = 2'b00,
    dps  = 2'b01,
    load = 2'b10;
reg [1:0] state_reg, state_next;
reg [7:0] filter_reg;
```

```verilog
    wire [7:0] filter_next;
    reg f_ps2c_reg;
    wire f_ps2c_next;
    reg [3:0] n_reg, n_next;
    reg [10:0] b_reg, b_next;
    wire fall_edge;
always @ (posedge clk, posedge reset)
    if (reset)
        begin
            filter_reg <= 0;
            f_ps2c_reg <= 0;
        end
    else
        begin
            filter_reg <= filter_next;
            f_ps2c_reg <= f_ps2c_next;
        end
    assign filter_next = {ps2c, filter_reg[7:1]};
    assign f_ps2c_next = (filter_reg == 8'b11111111) ? 1'b1 :
                         (filter_reg == 8'b00000000) ? 1'b0 :
                         f_ps2c_reg;
    assign fall_edge = f_ps2c_reg & ~f_ps2c_next;
always @ (posedge clk, posedge reset)
    if (reset)
        begin
            state_reg <= idle;
            n_reg <= 0;
            b_reg <= 0;
        end
    else
        begin
            state_reg <= state_next;
            n_reg <= n_next;
            b_reg <= b_next;
        end
always @ *
```

```
    begin
        state_next = state_reg;
        rx_done_tick = 1′b0;
        n_next = n_reg;
        b_next = b_reg;
        case ( state_reg)
            idle :
                if ( fall_edge & rx_en)
                    begin
                        b_next = { ps2d, b_reg[10:1] };
                        n_next = 4′b1001;
                        state_next = dps;
                    end
            dps :
                if ( fall_edge)
                    begin
                        b_next = { ps2d, b_reg[10:1] };
                        if ( n_reg = =0)
                            state_next = load;
                        else
                            n_next = n_reg - 1;
                    end
            load :
                begin
                    state_next = idle;
                    rx_done_tick = 1′b1;
                end
        endcase
    end
assign dout = b_reg[8:1];
endmodule
```

程序说明:该程序主要是接收数据,根据发送的数据对鼠标的状态进行识别。

【例6 −31】 数据发送接收程序如下:

```
module ps2_rxtx( clk, reset, wr_ps2, ps2d, ps2c, din,
                rx_done_tick, tx_done_tick, dout);
input wire clk, reset;
```

```verilog
    input wire wr_ps2;
    inout wire ps2d, ps2c;
    input wire [7:0] din;
    output wire rx_done_tick, tx_done_tick;
    output wire [7:0] dout;
    wire tx_idle;
ps2_rx ps2_rx_unit(.clk(clk), .reset(reset), .rx_en(tx_idle),
                .ps2d(ps2d), .ps2c(ps2c),
                .rx_done_tick(rx_done_tick), .dout(dout));
ps2_tx ps2_tx_unit (.clk(clk), .reset(reset), .wr_ps2(wr_ps2),
.din(din), .ps2d(ps2d), .ps2c(ps2c),
                .tx_idle(tx_idle), .tx_done_tick(tx_done_tick));
endmodule
```

程序说明：该程序是接收和发送数据模块的顶层模块。

【例 6 - 32】 鼠标控制程序如下：

```verilog
module mouse(clk, reset, ps2d, ps2c, xm, ym, btnm, m_done_tick);
input wire clk, reset;
    inout wire ps2d, ps2c;
    output wire [8:0] xm, ym;
    output wire [2:0] btnm;
    output reg   m_done_tick;
localparam STRM = 8'hf4;
localparam [2:0]
        init1  = 3'b000,
        init2  = 3'b001,
        init3  = 3'b010,
        pack1  = 3'b011,
        pack2  = 3'b100,
        pack3  = 3'b101,
        done   = 3'b110;
reg [2:0] state_reg, state_next;
wire [7:0] rx_data;
reg wr_ps2;
wire rx_done_tick, tx_done_tick;
reg [8:0] x_reg, y_reg, x_next, y_next;
reg [2:0] btn_reg, btn_next;
```

```
ps2_rxtx ps2_unit
        (. clk(clk), . reset(reset), . wr_ps2(wr_ps2),
        . din(STRM), . dout(rx_data), . ps2d(ps2d), . ps2c(ps2c),
        . rx_done_tick(rx_done_tick),
        . tx_done_tick(tx_done_tick));
always @ (posedge clk, posedge reset)
        if (reset)
            begin
                state_reg < = init1;
                x_reg < = 0;
                y_reg < = 0;
                btn_reg < = 0;
            end
        else
            begin
                state_reg < = state_next;
                x_reg < = x_next;
                y_reg < = y_next;
                btn_reg < = btn_next;
            end
    always @ *
    begin
        state_next = state_reg;
        wr_ps2 = 1'b0;
        m_done_tick = 1'b0;
        x_next = x_reg;
        y_next = y_reg;
        btn_next = btn_reg;
        case (state_reg)
            init1:
                begin
                    wr_ps2 = 1'b1;
                    state_next = init2;
                end
            init2:
                if (tx_done_tick)
```

```
                    state_next = init3;
        init3:
            if (rx_done_tick)
                state_next = pack1;
        pack1:
            if (rx_done_tick)
                begin
                    state_next = pack2;
                    y_next[8] = rx_data[5];
                    x_next[8] = rx_data[4];
                    btn_next = rx_data[2:0];
                end
        pack2:
            if (rx_done_tick)
                begin
                    state_next = pack3;
                    x_next[7:0] = rx_data;
                end
        pack3:
            if (rx_done_tick)
                begin
                    state_next = done;
                    y_next[7:0] = rx_data;
                end
        done:
            begin
                m_done_tick = 1'b1;
                state_next = pack1;
            end
        endcase
    end
    assign xm = x_reg;
    assign ym = y_reg;
    assign btnm = btn_reg;
endmodule
```

程序说明:这个程序模块主要实现的是主机和 PS2 接口鼠标在初始阶段进行握手

后,正常使用 PS2 鼠标过程中,一旦检测到 PS2 按键有操作或者鼠标有移动,就将鼠标动作数据包(包含坐标和状态信息)传回。

【例 6 – 33】 鼠标控制 LED 程序如下:

```
module mouse_led(clk, reset,ps2d, ps2c,led);
input wire clk, reset;
    inout wire ps2d, ps2c;
    output reg [7:0] led;
    reg [9:0] p_reg;
    wire [9:0] p_next;
    wire [8:0] xm;
    wire [2:0] btnm;
    wire m_done_tick;
mouse mouse_unit
        (.clk(clk), .reset(reset), .ps2d(ps2d), .ps2c(ps2c),
        .xm(xm), .ym(), .btnm(btnm),
        .m_done_tick(m_done_tick));
always @ (posedge clk, posedge reset)
        if (reset)
            p_reg <= 0;
        else
            p_reg <= p_next;
assign p_next = (~m_done_tick) ? p_reg : (btnm[0]) ? 10'b0 : (btnm[1])? 10'h3ff
: p_reg + {xm[8], xm};
always @ *
        case (p_reg[9:7])
            3'b000: led = 8'b10000000;
            3'b001: led = 8'b01000000;
            3'b010: led = 8'b00100000;
            3'b011: led = 8'b00010000;
            3'b100: led = 8'b00001000;
            3'b101: led = 8'b00000100;
            3'b110: led = 8'b00000010;
            default: led = 8'b00000001;
        endcase
endmodule
```

程序说明:根据鼠标不同的状态显示不同 LED 小灯的位置。

6.8.4　硬件验证

将设计的系统下载到 DE2 - 115 实验开发系统中，以验证设计的结果。引脚设定情况如图 6 - 27 所示。

clk	Input	PIN_Y2
led[7]	Output	PIN_G21
led[6]	Output	PIN_G22
led[5]	Output	PIN_G20
led[4]	Output	PIN_H21
led[3]	Output	PIN_E24
led[2]	Output	PIN_E25
led[1]	Output	PIN_E22
led[0]	Output	PIN_E21
ps2c	Bidir	PIN_G6
ps2d	Bidir	PIN_H5
reset	Input	PIN_M23

图 6 - 27　引脚配置

程序下载到 FPGA 后，clk 给该系统设计提供总系统时钟的输入引脚；reset 是复位引脚，接一个按键对系统进行整体复位；ps2c 是 PS2 的时钟引脚；ps2d 是 PS2 的数据引脚，可将检测到的按键数据输入到 FPGA 芯片上；Led 用于显示，根据鼠标的不同状态显示不同的 LED 排序。

6.8.5　扩展部分

读者可根据实际的设计需要扩展如下功能：
(1)可使用 VGA 作为验证鼠标程序的显示器件；
(2)换成接口为 USB 的鼠标进行实验。